高能效绿色铸锻技术

——液态模锻及其应用

邢书明　鲍培玮　著

兵器工业出版社

内容简介

本书系统地介绍了一种金属材料高能效绿色铸锻成形技术——液态模锻技术原理、液态模锻工艺设计规范、模具设计规范、设备选型与布置、液锻合金及其液锻工艺性能等推广应用的关键内容，结合了作者十余年来针对有色金属和钢铁材料液态模锻的研究成果与应用积累，翔实地展示了大量工业应用的典型案例。

本书主要面向国防、军工、兵器、机械、汽车等行业的相关工程技术人员，供高等学校研究生和教师开展相关研究和应用开发参考、企业管理人员选择项目时参考。本书既可用于高等学校机械工程与材料工程领域学生的教学参考书和职工技术培训教材，也可作为金属毛坯制造领域管理和技术人员进行铸造和锻造工艺技术升级的参考书。

图书在版编目（CIP）数据

高能效绿色铸锻技术：液态模锻及其应用／邢书明，鲍培玮著. —北京：兵器工业出版社，2014.11
ISBN 978-7-5181-0061-3

Ⅰ. ①高…　Ⅱ. ①邢…②鲍…　Ⅲ. ①液态模锻
Ⅳ. ①TG316

中国版本图书馆 CIP 数据核字（2014）第 224992 号

出版发行：兵器工业出版社		责任编辑：周　琦	
发行电话：010-68962596，68962591		封面设计：理想设计	
邮　　编：100089		责任校对：郭　芳	
社　　址：北京市海淀区车道沟 10 号		责任印制：王京华	
经　　销：各地新华书店		开　本：880×1230　1/32	
印　　刷：北京圣夫亚美印刷有限公司		印　张：7.625	
版　　次：2015 年 1 月第 1 版第 1 次印刷		字　数：228 千字	
印　　数：1—1000		定　价：29.00 元	

前　言

制造业正在向高能效绿色化方向发展，作为制造业基础的铸锻行业需要率先走高能效与绿色化的道路。20 世纪出现的液态模锻技术，是高能效绿色铸锻技术的典型代表，受到了国内外的广泛关注。1989 年由陈炳光编写的《液态金属模锻模具设计》首次为液态模锻模具设计提供了参考，2009 年由罗守靖、陈炳光、齐丕骧编著的《液态模锻与挤压铸造技术》对液态模锻技术进行了全面系统的介绍，2011 年由邢书明编著的《金属液态模锻》列出了钢铁材料液态模锻的大量应用实例。这些先期之作为铸锻行业的高能效绿色化发展起到了重要的推动作用，使液态模锻技术进入了工业应用阶段，并在工业应用中取得了飞速发展。目前，液态模锻技术已经形成了有色金属和黑色金属液态模锻全面开花的新局面，液态模锻技术也逐步由"压铸的改良"变成了一个自成体系的毛坯制造新技术。为了推动这一技术沿着高能效绿色化方向健康发展，笔者将我国近十年来在液态模锻领域的最新研究成果和应用经验进行了梳理，形成了一本直接面向工业应用的技术参考书。

全书共分 9 章，第 1 章对液态模锻技术进行了系统概括的介绍，第 2 ~ 6 章分别介绍了液态模锻的工艺设计规范、模具设计规范、设备选型与布置、液锻产品缺陷防治以及材料液锻工艺性能评价等关键技术内容，第 7、8 两章分别介绍了小件和大件液态模锻的特点和技术关键，并列出了大量典型的应用案例，第 9 章简要介绍了液态模锻技术的新发展和新应用。

本书在编写过程中，除选取了笔者直接参与的工业应用素材和指导研究生的研究成果外，还引用了一些有代表意义的他人研究成果，在每章后都列出了参考文献，供读者进一步参考。编写完成后，由北京交通大学研究生进行了审读和修改。在出版过程中，得到了国家 863 计划经费（课题编号 2014AA041804）的支持。在此，对所有参与本书编写与出版的贡献者深表谢意！

由于笔者水平有限，书中难免存在不妥之处，欢迎读者批评指正。联系电话：010 - 51682036，邮箱：smxing@ bjtu. edu. cn。

作　者

2014 年 8 月 25 日于北京交通大学

目　　录

第1章　液态模锻技术概述

1.1　液态模锻的概念

液态模锻是一种金属材料高能效绿色成形技术，简称液锻，它是将熔炼合格的液态金属直接注入高强度的压室或模腔内，然后持续施以机械静压力，使熔融态金属在压力作用下发生流变充型、结晶凝固和流变补缩，最终获得内部致密、外观光洁、尺寸精确的制件的材料成形方法。

早期的液态模锻主要是对金属液直接加压成形的，所以，当时被称作"液态金属模压"。1970 年在第六届国际压铸会议上，美国学者 J. C. Benedyk 发表了名为《Squeeze Casting》的著名文章，向欧美国家推荐此工艺，从而使该工艺在铸造领域有了自己的术语——"挤压铸造"。与此同时，日本将此技术写作"熔汤锻造"，中国塑性工程领域的专家据此将其翻译为"液态模锻"。进入 21 世纪后，在铝合金轮毂生产中，出现了另一个名词术语"连铸连锻"。

由于液态模锻没有传统铸造中的冒口，所以，也称为广义无冒口铸造技术。

液态模锻是铸造和锻造技术结合的产物，是人类社会对材料成形技术不断提出新的更高要求下产生的。液态模锻技术于 1937 年在苏联首先问世，虽然比压铸技术约晚 100 年，但其在第二次世界大战期间为有色金属军品的紧急生产发挥了重要作用，并迅速取得了较大规模的产业化应用。纵观世界范围的液态模锻发展过程，可以将其大致分为工艺探索、应用开发和产业化应用三个阶段。

　　20 世纪 30—50 年代，液态模锻技术处于工艺探索期。主要是针对军工和国防领域急需的零件，解决用常规铸造难以满足质量要求、而锻造生产率低、工序多不能满足产量要求的问题，在简易条件下进行工艺试验后取得应用。但是，这一技术的新颖性和初步应用的有效性使其陆续向世界各地扩展，使液态模锻技术成为压铸技术之后的又一种近净成形技术，受到世人的关注。

　　20 世纪六七十年代是液态模锻技术的应用开发和理论研究并重的时期，也是世界范围的液态模锻技术研究最活跃的阶段。到 60 年代中期，仅苏联就开发了 200 多种零件的液态模锻技术，并有 150 多个大型工厂采用了此项工艺技术，其他国家也将这一技术应用在很多零件上，进行试用，并取得了成功。与此同时，一些研究单位开始重视液态模锻过程的相关理论问题研究，为应用开发提供了一定的理论依据。

　　20 世纪 80 年代以后是液态模锻的产业化阶段，世界范围内开始形成产业化应用。日本率先开发出了专用液态模锻机，为液态模锻的产业化应用奠定了设备基础。随后，不少国家也开始在通用液压机基础上进行改装，形成改装型液态模锻机产品。许多国家也积极开发研究液态模锻机，并应用于生产。日本丰田公司建成了液态模锻铝轮专业厂，生产能力高达每年 400 万只。专业化液态模锻机的诞生标志着液态模锻技术进入了产业化应用阶段。

　　我国的液态模锻技术研究与应用与国外先进国家相比大约落后 20 年，但随着研究工作的不断深入，现在的水平与国外基本相当。我国从 1957 年开始进行液态模锻工艺的试验研究。20 世纪 60 年代进行应用开发阶段，液态模锻技术率先用于铝合金仪表零件的批量生产。随后，一些科研院所开展了液态模锻工艺基础理论的研究工作，为液态模锻技术在我国稳步发展奠定了理论基础，并先后出版了《挤压铸造》、《液态模锻模具设计》、《钢质液态模锻》、《液态模锻与挤压铸造技术》、《金属液态模锻》五本专著。90 年代，随着汽车工业的迅猛发展，液态模锻技术也得到了迅猛发展，使我国的液态模锻技术进入了产业化应用阶段。我国仅摩托车轮毂液态模锻的生产能力就达到了每年300万只。液态模锻零件已经涵盖了轴套、盘盖、叉架和箱体四大类机械零件，如图1-1所示。

图1-1　液态模锻产品示例

　　根据液态模锻的加压方式，液态模锻可以分为直接液锻、间接液锻和复杂液锻三大类，如图1-2所示。所谓直接液锻是指液锻力直接作用在工件上的液锻方式；而间接液锻则是指液锻力的

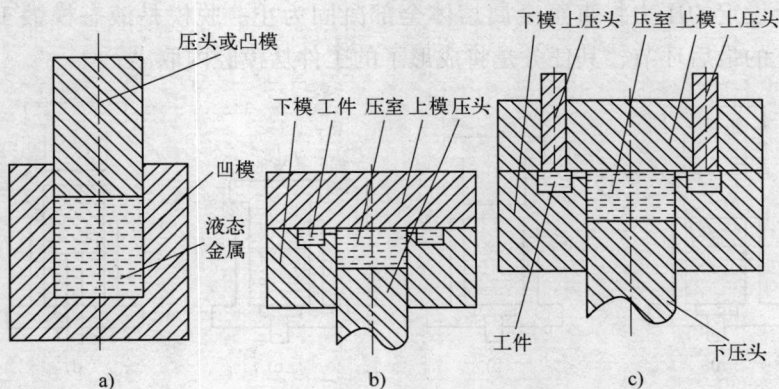

图1-2　液态模锻的基本类型
a)直接液锻；b)间接液锻；c)复杂液锻

作用点位于工件以外的压室或储料腔中，通过金属熔体的流动，将液锻力作用在工件上；复杂液锻则是指在存在多个同时或顺序施加的液锻力时进行的液锻成形，也称为复合液锻或多向液锻。

1.2　液态模锻的工艺流程

液态模锻的工艺流程，如图 1 - 3 所示，包括熔炼、浇注、加压、保压和脱模五个基本环节。其中熔炼环节同于常规铸造中的熔炼。浇注是将熔炼合格的金属熔体浇入模腔或压室的操作过程，可以是人工浇注，也可以是机械手浇注；可以是重力下浇注，也可以是非重力下浇注。加压是指利用专用设备(称为液态模锻机)向金属熔体作用一个外加压力的操作。加压方式有两种：一种是压力直接作用在模腔内的金属熔体上，称为直接加压；另一种是压力首先作用在工件模腔以外压室内的金属熔体上，然后通过压力传递，作用在模腔内金属熔体上，这种加压方式称为间接加压。保压也称为持压，它是在金属熔体充满模腔后，仍然持续作用一个设定的压力，直至金属熔体全部凝固为止。脱模是液态模锻工艺的最后环节，其任务是将成形了的工件从模腔内取出。

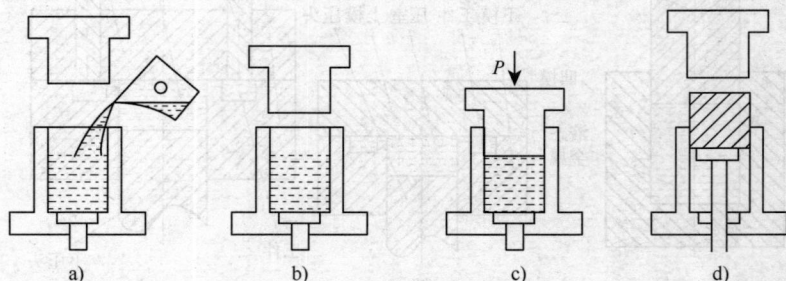

图 1 - 3　液态模锻的一般工艺流程
a)浇注；b)合模；c)保压；d)脱模

1.3　液态模锻与其他技术的联系与区别

液态模锻和通常说的压铸是不同的。它们的区别主要表现在以下六个方面：

（1）液态金属的充型速度不同。压铸的充型速度高达每秒数十米，甚至上百米，而液态模锻的金属熔体充型速度最大也只有每秒几米；

（2）压力水平不同。液态模锻的压力一般都将近 100MPa，甚至超过 100MPa，而压铸的比压一般只有几十兆帕；

（3）压力的传递不同。在压铸的保压过程中，浇道因面积小，是最先凝固的位置，保压期间压力无法充分作用到工件本体上；而液态模锻的保压恰恰要求作用在工件上的有效压力要高。因此，要求压力传递通道畅通；

（4）适用的工件不同。压铸主要用来解决薄壁复杂件的成形问题，而液态模锻主要用来解决较大壁厚重要工件的致密度问题；

（5）产品质量特点不同。压铸产品的质量特点是表面光洁、尺寸精度高，而内部常存在气孔，致密度较低，采用热处理调节性能时常因气孔膨胀导致裂纹。液态模锻产品表面质量和尺寸精度与压铸相当，内部致密度高，可以通过热处理来调节性能；

（6）设备不同。压铸的设备是压铸机，目前已经达到了专业化和系列化程度，而液态模锻用的是液态模锻机，由于液态模锻还处于一个行业的形成阶段，液态模锻机的制造和生产尚未达到专业化和系列化。

液态模锻和挤压铸造是基本相同的，也有人注意到液态模锻后期有一定的塑性变形，而挤压铸造一般不要求有塑性变形，认为液态模锻和挤压铸造是不同的两个技术。笔者认为两者是同一个技术。铸造领域习惯于将液态模锻称为挤压铸造。用"铸造"二字界定其所属的技术领域，而用"挤压"二字反映其加压成形的特征。锻造领域的人则习惯称为"液态模锻"，用"液态"二字区别于通常的固态锻造，用"模锻"二字体现其所属的领域和成形类别。武汉理工大学陈炳光教授所称的"连铸连锻"则强调这一过程中充型与凝固的"铸造"内涵与塑性变形的"锻造"之间的一体化连接，其本质与液态模锻也是一样的。

早期的一些专家曾认为，挤压铸造与液态模锻是有区别的：挤压铸造只是在压力作用下结晶凝固，得到的是铸态组织；而液态模锻不仅是在机械压力下结晶凝固，而且还要发生一定的塑性变形，得到的是铸态组织与变形组织的混合组织。其实，从流变学的角度来看，挤压铸造、液态模锻、连铸连锻三者没有区别，都是利用外加的机械压力使液态金属发生流动和变形、结晶和凝固，最终得到一定形状和尺寸的工件的过程。虽然至今仍有一些人为挤压铸造和液态模锻的异同而争论，本书则将挤压铸造、液态模锻和连铸连锻统一称为液态模锻。

1.4 液态模锻技术适用的零件

从理论上来说，液态模锻技术可以用来生产各种金属材料的各种零件。

从液态模锻件的材质方面来说，目前有铝、铜、锌、镁等有色合金以及钢铁及其复合材料。特别是铸造和锻造性能都较差的特种材料，如：合金钢、复合材料、过共晶合金、偏析倾向大的合金，可以发挥出液态模锻得天独厚的优势。

液态模锻件的形状和结构适应性强，特别适用于结构和形状简单或一般复杂的重要零件或基本不加工的近净形零件，如：气密性、水密性零件，复杂曲面零件。目前涉及的产品已经涵盖了轮盘盖、轴套、叉架座和箱体四大类常见零件，如：汽车及摩托车轮毂、制动器、减振器、汽车活塞、摩托车发动机及传动箱铝件、压气机连杆零件、高压阀体、蜗轮,以及各种铝合金泵体件、铝合金轴套和军用零件等。

液态模锻零件的单件重量基本没有限制,主要取决于熔炼设备。目前已经能够生产的零件单重小到几十克,大到几十甚至上百千克。

液态模锻零件的壁厚不能太小,一般来说壁厚越大,液态模锻越方便。目前生产的液态模锻件壁厚小到 1mm,大到近百毫米。

液态模锻零件的轮廓尺寸主要取决于液锻机的能力,目前生产的液态模锻件轮廓尺寸最小的只有几毫米,最大的达几百毫米。

液态模锻对零件的批量要求不高,但由于液态模锻是液锻机、模具和工艺路线一体化的技术,不同的产品不仅仅模具不同,而且液锻机的技术要求也存在一定差异,所以,液态模锻适用于批量大、规格少、市场需求稳定的零件。也就是说,只要产品是长线的,而不是单件,就可以采用液态模锻。

1.5　液态模锻与砂型铸造相比的优势

液态模锻与砂型铸造相比,具有优质、节能、低消耗、绿色度高等一系列优点。

1. 液态模锻产品致密度高

由于液态模锻利用外加机械压力实现流变补缩,所以比普通铸造方法仅靠冒口的重力补缩更容易获得致密铸造件。液态模锻件一般无传统铸件中常见的缩孔和缩松缺陷,内部组织致密、均匀、晶粒细小。

2. 生产率高

液态模锻生产过程简单,操作容易,便于组织机械化、自动化生产，工艺环节少、生产周期短。此外，液态模锻实现了无冒口铸造，其工艺出品率高达 90% ~ 100%，所以同样熔炼能力的情况下，产量可以提高 20% ~ 30%，生产率也相应提高。

3. 材料消耗少

液态模锻省去了常规铸造中的冒口，金属熔体利用率可达 90% 以上，除了必须加工的部分外，浇入模腔的金属基本都用于形成零件，这就减少了传统铸造中冒口重熔导致的材料烧损。

此外，由于使用的是高强度金属型，液态金属在压力作用下与型腔壁贴合紧密，因而液态模锻件有较高的表面光洁度和尺寸精度，其级别能达到压铸件的水平。机械加工余量很少，也能减少材料消耗。

4. 适应性强

液态模锻件在凝固过程中，各部位处于压应力状态，有利于铸件的补缩和防止铸造裂纹的产生。因而，液态模锻工艺基本不受合金铸造性能或塑性成形性能限制，既可用于铸造合金成形，也可用于变形合金；既可用于铝、铜、镁、锌等有色合金，又可用于钢、铁等黑色金属；既可用于镍、钴等高温金属，还可用于复合材料和铸石等特殊材料。

液态模锻的适应性强还表现在工件的结构、形状和尺寸方面。液态模锻工件的壁厚范围很大，小至数毫米，大至几十毫米，都可以顺利成形。即使壁厚悬殊的复杂件，通过合理设计工艺，同样可以得到成形良好的产品。

对于有复杂内腔又不能用抽芯或机械加工方法解决的铸件，配合可溶盐芯采用液态模锻方法同样可以生产。

5. 节约能源

由于液态模锻工艺出品率高，所以，生产相同数目、品种的产品时，可大大减少熔炼时间，避免了回炉料重熔带来的能源消耗和材料烧损。所以,具有显著的节能效果。此外,由于其尺寸精确,加工余量小,也能较大地节省机械加工工时和电力消耗。

6. 力学性能高

液态模锻件内部致密,晶粒细小。液态模锻使液态金属以低速充型,不会像压铸那样卷入大量气体,能用热处理方法进一步提高其机械性能。由表 1 − 2 和表 1 − 3 所示列出的几种铝合金液态模锻的力学性能可见,其液态模锻件的力学性能可与锻件相媲美,可靠性高。

表 1 − 1　液态模锻活塞的力学性能

活塞材料	室温抗拉强度/MPa	300℃抗拉强度/MPa	表面硬度/HB	300℃线膨胀系数 α/($\times 10$℃$^{-1}$)	20 台 CA41 发动机跑车试验对比
ZL108铝合金	290	120	115	22 ~ 23	运行2.5万 km,第1环槽侧隙为 0.3 ~ 0.8mm,有烧顶现象
氧化铝纤维增强ZL108 铝合金	300	160 ~ 170	125	16 ~ 18	运行10 万 ~12 万 km后,第1环槽侧隙为0.10 ~ 0.15mm,无烧顶、开裂、断环现象
硅酸铝纤维增强ZL108 铝合金	300	150 ~ 160	120	16 ~ 18	

表 1 − 2　各种铝合金液态模锻的典型力学性能

铝合金		力学性能	
类别	牌号	σ_b/MPa	δ(%)
Al − Cu 系铸造合金	ZL201	458	16.7
Al − Cu − Mg 系变形合金	2A14	506	5.8
	2A12	438	8.0
Al − Mg − Si − Cu 系变形合金	2B50	380	13.0
Al − Zn − Mg − Cu 系变形合金	7A04	563	5.5

7. 绿色度高

液态模锻不用砂型，无粉尘污染和矽肺病危害，无废液污染，无刺激性气体和有害气体排放，无型砂一类的固体废弃物。所以，液态模锻属于无砂型、无冒口、高品质、低能耗的绿色制造技术。它的推广应用可以有力地加快铸造生产绿色化的步伐。

1.6　液态模锻与普通模锻相比的优势

液态模锻与普通的模锻相比，具有工艺流程短、生产效率高、能耗低、适应性广等一系列优点。

1. 液态模锻工艺流程短

由于液态模锻不需要坯料，而是利用外加机械压力对熔融态的金属进行压力加工，实现流变成形和补缩。所以省去了坯料的切割、加热等工序，工艺流程短。

2. 液态模锻生产效率高

液态模锻可以一次成型零件，而普通模锻一般都有预锻和终锻两步以上的成型过程。所以，液态模锻的生产效率显著高于普通模锻。

3. 液态模锻材料消耗少

液态模锻省去了常规模锻中的坯料加热，而且因液态金属的流变性显著优于固态，所以零件的孔、槽、台等结构都可以方便地成型，余料较少，而普通模锻在坯料加热过程有氧化烧损，工艺余料也较多。所以，液态模锻件比普通模锻件的加工余量小、材料利用率高。

4. 液态模锻适应性强

与普通模锻相比，液态模锻件在成型过程中，各部位均处于压应力状态，有利于材料的塑性流动，一般不会出现裂纹。因而，液态模锻工艺基本不受合金塑性成形性能限制，除了可以进行变形合金成形外，还可用于铸造合金成形；既可用于铝、铜、镁、锌等有色合金，又可用于钢、铁等黑色金属；既可用于镍、钴等高温金属，还可用于复合材料成形。

液态模锻的适应性强还表现在对工件结构的工艺性要求不高。液态模锻件的壁厚范围很大，小至数毫米，大至几十毫米，都可以顺利成形。与普通模锻相比，液锻件的脱模斜度小、尺寸精度高、分模面可以是曲面。液态模锻可以很方便地形成复杂零件，而普通模锻难以进行复杂件的成形，也难以进行锻造性能差的材料的成形。

5. 液态模锻的设备吨位小，能源消耗少

由于液态金属的流变抗力显著低于固态金属，所以液态模锻所用的设备的吨位比普通模锻小很多。此外，液态模锻省却了坯料加热工序，所以，能耗明显小于模锻。

1.7　液态模锻生产车间设备概况

液态模锻是一种无砂铸造技术，与普通铸造车间设备相比，液态模锻车间没有砂处理、造型、烘芯等设备。

液态模锻车间的设备主要包括熔炼设备、液锻设备、模具、辅助设备、热处理设备和打磨光整设备。其功能和配置依据如表1-3所示。

表 1-3　液态模锻生产线主要设备一览表

工部	设备名称	功能和作用	配置依据
熔炼工部	台秤和天平	称重配料	根据称量范围配置量程
	中频感应电炉或电阻炉	熔炼合金液和保温浇注	根据液锻能力确定其炉容和熔化速度
	光谱仪	成分分析与检验	可以用炉前快速分析仪器代替
	测温仪表	熔炼温度、出炉温度的检测	根据合金种类配置
液锻工部	液锻机	进行液锻成形	根据液锻件的工艺需要、每模的生产周期和产量要求配置
	定量浇注设备	进行金属液的定量浇注	根据每模浇注量配置
	喷涂机械手	喷涂涂料、吹扫模腔	也可以人工操作
	浇注机械手	浇注操作	浇注量大于 20kg 时配置
	取件机械手	将工件从液锻机内取出和码放	浇注量大于 20kg 时配置
	测温仪表	进行模具温度、工件温度的检测	根据合金种类配置
打磨与清理工部	抛丸机	进行表面光整处理	根据液锻机产量配置
	抛光机	表面抛光	
	砂轮机	打磨毛刺飞边、浇口残留等	配置固定式和便携式两种
	切割设备	切除浇口、溢流槽等工艺余料	
热处理工部	淬火炉	淬火、退火、正火热处理	根据液锻机产量配置
	回火炉	回火或时效热处理	根据液锻机产量配置
模具准备工部	模具	进行工件成形	根据产品品种配置
	钳工设备	进行模具修复和检验	

　　液态模锻主要是机械化作业，劳动定员较少。操作人员主要是设备操作员。对于单机组生产线连续生产而言，液态模锻车间的劳动定员和各操作员的基本职责如表 1-4 所示。

表1-4 单机组液锻生产线劳动定员 单位：（人／班）

岗位或工种	职责	定员／人	备注
配备料	备料、配料	1~2	每台熔炉1人
熔炼	加料、熔炼、出炉	1~2	每台熔炉配1人
浇注	浇注金属液	2	两人同时工作
涂料	吹扫模腔、喷涂料	1	兼班长
液锻司机	液锻机操作与维护	1	
取件	取件与出模后的冷却	1	
其他	杂务、候补	1	机动
合计		8~10	

参考文献

[1]邢书明，鲍培玮．金属液态模锻[M]．北京：国防工业出版社，2009．

[2]陈炳光，陈昆．连铸连锻技术[M]．北京：机械工业出版社，2004．

[3]罗守靖，陈炳光，齐丕骧．液态模锻与挤压铸造技术[M]．北京：化学工业出版社，2007．

第 2 章　液态模锻工艺技术设计

本章主要介绍了液态模锻工艺设计任务、内容、步骤和基本准则，为针对具体工件进行其液锻工艺的设计提供参考。

2.1　液态模锻工艺设计概述

所谓液态模锻工艺方案设计，就是要针对一种要成形的具体工件，确定其液态模锻的工艺方法、模具原理、工艺装备和主要工艺参数等工艺技术内容。因此，要进行液态模锻工艺技术设计，不仅必须了解液态模锻技术本身，还需要了解要生产工件的质量要求和使用要求。

2.1.1　液态模锻工艺技术设计任务和内容

1. 液态模锻工艺类别的选择

液态模锻工艺设计的首要内容就是针对工件的质量要求和批量，确定采用哪一种液态模锻工艺方法。常用的液态模锻工艺方法及其特点如表 2-1 所示。由表可以看出，在液态模锻技术中，加压途径和压力方向、模腔构成和模腔数量以及是否使用型芯都有各自的使用范围。因此，所谓选择液锻工艺类别，就是要针对具体的工件，选择恰当的加压途径、加压方向、模腔数量、模腔构成以及是否使用型芯等。

表 2-1　液态模锻工艺方法的分类、特点和选用

分类根据	液态模锻方式		特点	典型的适用范围
施压途径	直接液锻	单向直接液锻	只从一个方向提供液锻压力	柱形件、筒形件、轮盘盖类的简单件
		多向直接液锻	从两个或两个以上方向提供液锻压力	质量要求高、存在多热节的复杂件优先选用
	间接液锻	同向间接液锻	压头的施压方向与作用在工件上的压力方向相同	大型轮、盘、盖类零件
		异向间接液锻	压头的施压方向与作用在工件上的压力方向不同	小型复杂件、表面质量和尺寸要求高的中小件
模腔数量	单腔液锻	无压室单腔液锻	只有一个工件模腔，没有其他辅助模腔，压头直接作用在工件腔的金属液上	大型简单件
		有压室单腔液锻	除工件模腔外，还有储存金属熔体的压室或储料模腔	大型复杂件或小型尺寸精度要求高的零件
	多腔液锻	多腔同时液锻	在一个液锻压力作用下，各模腔同时充满并成形	小型尺寸精度要求高的零件
		多腔顺序液锻	在一个液锻压力作用下，各模腔按一定顺序依次充满并成形	微型尺寸精度要求高的零件
压力方向	立式液锻		沿垂直方向施加液锻力	有立式液锻机的情况
	卧式液锻		沿水平方向施加液锻力	有卧式液锻机的情况
	混合液锻		从多于一个的方向施加液锻力	大批量专业化零件
使用型芯	有芯液锻		模腔内预置有一个或几个型芯	空心体、箱体类、带冷却腔的零件等
	无芯液锻		模腔内无型芯	实心简单件
模腔构成	整模液锻		在一个整体模腔内成形工件	外形简单的实心工件
	分模液锻		通过多于一个的模腔组合成工件的整体形状	侧壁有凹陷、形状复杂、必须分模才能取出模腔的工件

2. 工件成形位置和分模面的选择

液锻工艺类别的选择还与工件的成形位置及分模面的选择直

接相关。所以，工件成形位置和分模面的选择是液态模锻工艺技术设计的又一关键内容。所谓的成形位置是指液锻成形时工件所处的空间方位或姿态。成形位置的选择就是根据工件的结构特点，确定工件液锻成形时的空间方位。各类零件常用的成形位置如表2-2所示。

分模面是为了便于浇注、取件等操作，而将模具分开的分界面。分模面的选取就是要确定液锻模具分开的位置，以便能将工件顺利取出。分模面的基本作用是将模具进行必要的分割，以便将成形后的工件从模腔内顺利取出。此外，分模面也是金属熔体充填模腔过程中模腔内气体排出的重要通道。所以，分模面的选择不仅要满足顺利脱模取件的需要，还要满足成形质量的要求。不同类别的工件液锻时常用的分模面位置如表2-2所示。

表2-2　各类液锻件常见的成形位置和分模面

工件类别	常见的成形位置	分模面位置
叉架杆类	水平成形	中高面
轮盘盖类	水平成形	最大截面位置
箱体类	根据形状和结构确定，以流动距离最小为第一原则	
套筒类	垂直成形	底面、顶面或母线

3. 主要工艺参数的核算

上述选择的液锻工艺类别、成形位置和分模面只是初步的、候选的，是否能够成为真正的采用方案还需要看设备和模具条件能否满足其要求的工艺参数。也就是说，液锻方式、成形位置和分模面不同，要求的工艺参数会有很大的区别。因此，工艺参数的设计计算是液态模锻工艺技术方案设计中不可缺少的任务之一。

通常需要核算的工艺技术参数的含义及其要求综合列于表2-3。

表 2 - 3　主要工艺参数一览表

工艺参数	物理意义和量纲	计算原理或方法	要求
浇注量	工件毛坯与料饼、浇注系统等工艺辅料的总和，可以用体积或质量来表示	浇注量等于工件质量与工艺余料的质量的总和。浇注体积等于工件毛坯体积与工艺余料的体积之和	与浇注方法、熔炼设备的能力和压室的容积相适应。人工浇注量不大于 15kg
密实比压	使液态金属补缩的压力，也就是液锻过程金属熔体所受的最大压强。量纲是 MPa	液锻力与液锻压头承压面积的比	根据工件的密实度要求选择。一般来说，铝合金取 15～80MPa，钢件取 50～150MPa，球铁件取 15～50MPa
锁模力	克服金属液对模具的撑胀力，始终能使模具紧紧闭合的力	金属液受到的压强（密实比压）与锁模方向的所有模腔投影面积的乘积	要求液锻机能提供的锁模力为计算值的 1.2～1.5 倍
脱模力	将工件顶出模腔时受到的阻力	工件与模腔壁接触部分的摩擦力。摩擦系数一般取 0.3～0.5，正压力一般取 10～20MPa	要求顶件机构提供的力至少为脱模力的 1.2 倍
抽芯力	将型芯抽出时的阻力	芯表面与工件之间的摩擦力。摩擦系数一般取 0.3～0.5，正压力一般取 10～20MPa	要求抽芯机构提供的力至少为抽芯力的 1.3 倍

4. 液锻动作程序设计

液锻动作程序设计即确定液锻成形过程各个具体动作的顺序序列，如合模、挤压、开模、顶件、抽芯等动作之间的先后顺序，为液锻机的 PLC 程序控制提供工艺依据。

常用的动作顺序有如下两种：

（1）直接液锻程序：浇注——合模——加压——保压——卸压——开模——顶件——取件——喷涂料——下一循环。

（2）间接液锻程序：浇注——合模——锁模——充型——保压——卸压——开模——顶件——取件——喷涂料。

5. 毛坯图设计

毛坯图设计即根据确定的液锻工艺技术方案，考虑到液态模锻的成形特点，根据工件的成品图，进行毛坯结构和尺寸的设计。包括不成形孔、槽、台等结构的选择、加工余量的确定、脱模斜度的设计、收缩率的选取等，并根据选定的值，画出毛坯图供模具设计用。

毛坯图设计中，一定要关注工件的技术要求，避免出现工艺废品。

6. 模具设计和液锻机选择

模具设计即根据液锻成形原理和工艺动作，设计液锻成形用模具的结构原理和装配图，包括各模具零件之间的连接与运动关系、尺寸关联以及各零件选材，画出模具三维图和加工图，经过审核后方能投入模具制造。

在模具设计的过程中，还需要进行与之相配套的液锻机的主要功能和技术要求设计或核算，如工作台面尺寸、开档尺寸、各油缸技术参数等。

7. 工艺技术方案的优选

对前面几步确定的初步方案进行对比分析和计算机模拟计算，预测充型和补缩效果。根据模拟预测结果，修改设计方案，直至得到无缺陷的液锻工艺方案。

实际上，针对一个具体工件，液态模锻的工艺方案不止一个，这时需要进行多方案的对比分析，筛选出最优的工艺技术方案。筛选时需要进行工件质量、成本和效率的多目标优选，如：生产效率、工艺成本、质量稳定性、模具寿命、设备投资、劳动定员等方面。这种优选过程可以是人工进行计算分析，也可以使用专用软件进行分析。

目前，液锻工艺优化设计系统的研究还不够完善。在今后一个时期内，液锻工艺方案的优化还只能由有经验的专家或工程师来完成。

2.1.2　液态模锻工艺技术设计的一般步骤

具体工件液态模锻的工艺设计是一个反复修改、逐步优化的过程，其一般步骤如图 2 -1 所示。可以看出，液锻工艺设计过程

```
┌──────────┐
│   开始   │
└──────────┘
     ↓
┌────────────────────────────────────────┐
│ 工件特性和质量要求分析，确定工件类别和主要特征参数 │
└────────────────────────────────────────┘
     ↓
┌────────────────────┐
│   选择液锻工艺类别   │
└────────────────────┘
     ↓
┌────────────────────┐
│   绘制液锻件毛坯图   │
└────────────────────┘
     ↓
┌──────────────────────────────────────┐
│ 设计模腔、充型（浇道）、排气、集渣等工艺单元 │
└──────────────────────────────────────┘
     ↓
┌──────────────────────┐
│   设计卸料和抽芯方案   │
└──────────────────────┘
     ↓
┌──────────────────────────────────────┐
│ 核算关键工艺参数和液锻机主要参数，选定液锻机 │
└──────────────────────────────────────┘
     ↓
┌──────────────────┐
│   计算工艺出品率   │
└──────────────────┘
     ↓
┌──────────────────────────┐
│ 计算模具几何尺寸、估算模具费用 │
└──────────────────────────┘
     ↓
┌──────────────────────────────────────────────┐
│ 液锻过程模拟仿真，预测缺陷和成品率，评价工艺方案的先进性 │
└──────────────────────────────────────────────┘
     ↓
┌──────────────────────────────────────────┐
│ 工艺及模具的详细设计，编写设计说明书，得到工艺卡、模具图 │
└──────────────────────────────────────────┘
     ↓
┌────────────────────┐
│   工艺试验和试生产   │
└────────────────────┘
     ↓
┌──────────────────────────┐
│ 工艺文件成套、修订、审批存档 │
└──────────────────────────┘
     ↓
┌──────────┐
│   结 束  │
└──────────┘
```

修改方案

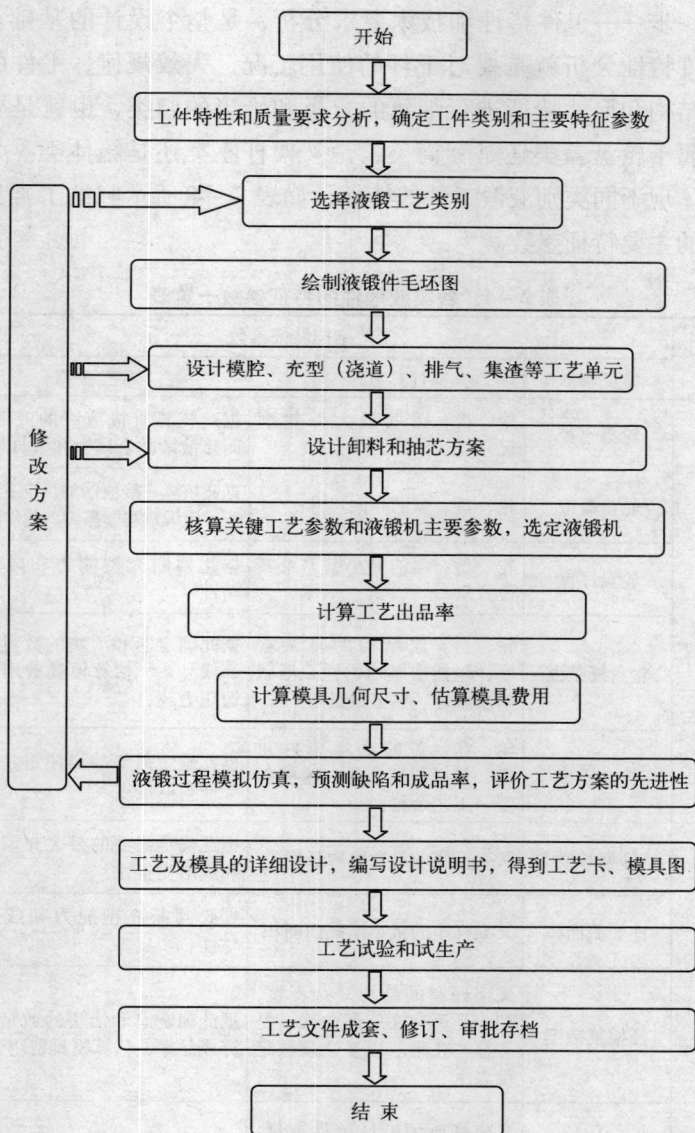

图 2 - 1　液锻工艺设计的一般流程

的第一步——工件特性和技术要求分析，是整个设计的基础。所谓工件特性分析就是要对工件的使用工况、失效规律、工件的形状、结构和尺寸特征进行细致的分析和恰当的归类，也就是要确定其属于轮盘盖类还是套筒类；是叉架杆座类还是箱体类。为了集中体现不同类别液锻工件的特征，如表 2 - 4 所示归纳了常见液锻件的主要特征参数。

表 2 - 4　各类液锻件的特征参数一览表

液锻件类别	工艺结构特征参数		
	特征参数	计算方法	工艺意义
轮盘盖类	轮盘直径	轮、盘、盖的最大外轮廓尺寸	据此核算直接液锻的液锻力、间接液锻的合模力和模具尺寸
	轮盘高度	轮、盘、盖的高向尺寸	据此核算直接液锻的反向充填距离、液锻过程摩擦力、脱件阻力
	轮盘厚度	轮、盘、盖的最小壁厚及其位置	据此判断充型能力和成形完整性
	轮盘复杂度	轮、盘、盖结构的复杂程度，包括壁厚均匀性、形状的规则性、热节数量等	据此确定芯和活块的数量、预算成品率、估算模具费用和液锻压力数目
	轮盘重量	轮、盘、盖的毛坯单件重量，包括加工余量、脱模斜度、工艺余料	据此确定需要的浇注量、选择浇注和取件方案
叉架杆座类	杆架长度	叉架杆座的最大轮廓长度	据此确定需要的最大充型距离和成形完整性
	杆架截面积	叉架杆座的最小横截面面积	据此判断充型能力和成形完整性
	杆架复杂度	叉架杆座的结构复杂程度，如：是否存在空间曲面、是否存在孔眼。用复杂系数定量表示	据此确定芯和活块的数量、预算成品率、估算模具费用
	杆架重量	叉架杆座的毛坯单件重量，包括加工余量、脱模斜度、工艺余料	据此确定需要的浇注量、选择浇注和取件方案

液锻件类别	工艺结构特征参数		
	特征参数	计算方法	工艺意义
套、筒类	套、筒直径	套、筒的最大外直径	据此核算直接液锻的液锻力、间接液锻的合模力和模具尺寸
	套、筒高度	套、筒的高向尺寸	据此核算直接液锻的反向充填距离、液锻过程摩擦力、脱件阻力
	套、筒壁厚	套、筒的最小壁厚	据此判断充型能力和成形完整性
	套、筒复杂度	套、筒的高向有无侧凹、凸台、沟槽等	据此确定芯和活块的数量、预算成品率、估算模具费用
	套、筒重量	套筒的单件重量,包括加工余量、脱模斜度、工艺余料	据此确定需要的浇注量、选择浇注和取件方案
箱体类	箱体投影面积	箱体的水平投影面积	据此核算直接液锻的液锻力、间接液锻的合模力和模具尺寸
	箱体的复杂度	箱体的垂直壁有无凹凸、有无空间曲面、有无复杂孔腔。用复杂系数定量表示	据此确定芯和活块的数量、预算成品率、估算模具费用
	箱体重量	箱体的单件重量,包括加工余量、脱模斜度、工艺余料	据此确定需要的浇注量、选择浇注和取件方案

2.1.3　液态模锻工艺设计的评价

　　液态模锻工艺设计方案的评价主要包括技术先进性、经济合理性和质量稳定性三大方面。

　　技术先进性方面的评价指标主要是生产效率、工艺出品率、废品率和工件的质量水平四方面。

　　生产效率通常用每模次的占机时间来表征,即从上一模工件离开液锻机开始计时,直至下一件离开液锻机为止的时间,期间包括模具吹扫、清理、喷涂料、浇注、加压液锻、持压补缩、开模取件等一系列的动作。在自动化生产中,每模次的占机时间是固定的,而在手动和半自动生产中,这一时间受工艺、操作员的熟练程度和设备特性三方面控制。其中，加压液锻、持压补缩和开模取件的时间主要受工艺和液锻机特性控制，其他时间则主要受操作员熟练程度控制。

工艺出品率是指每模得到的工件质量占每模浇注金属总质量的百分数，它反映了液锻毛坯与最终零件的接近程度和液锻过程工艺余料的多少。工艺出品率越高，说明成形过程中的工艺余料越少。它主要受工件尺寸、液锻工艺方法以及液锻机能力控制。液态模锻工艺出品率的典型数据如表 2-5 所示。可见，直接液锻的工艺出品率高于间接液锻的工艺出品率。实际上，直接液锻的工艺出品率主要受控于浇注量的准确性。

表 2-5　液态模锻的工艺出品率

液锻方式	工件单重(钢)	液锻机吨位	工艺出品率(%)
直接液锻	小于 1kg	小型机(310t 以下)	96~98
	1~50kg	中型机(1000t 以下)	97~99
	50kg 以上	大型机(1500t 以上)	99~100
间接液锻	小于 1kg	小型机(500t 以下)	60~70
		大型机(500t 以上)	70~85
	1~50kg	小型机(1000t 以下)	75~85
		大型机(1000t 以上)	85~95
	50kg 以上	小型机(1500t 以下)	80~90
		大型机(1500t 以上)	85~95

工艺废品率是指在一个考核期内因液锻工艺不合理出现的废品量占总产量的百分数。在试生产阶段，工艺废品率较高是正常的，但在正常生产条件下，只要按照工艺规程操作，液态模锻的工艺废品率是很低的，一般不高于2%。它主要受液锻工艺方案和模具方案所控制。液锻工艺废品主要有充型不完整、内部疏松以及表观质量差等三类。其中充型不完整废品主要从浇道尺寸、金属液和模具温度、充型速度以及排气等方面进行工艺改进；内部疏松的缺陷主要

从液锻比压、开始加压时间、金属液引入位置、加压位置、补缩通道等方面进行调整；表观质量方面的废品主要从模具状态、涂料、金属液温度、模具温度以及充型速度等方面调控。

工件质量水平是液态模锻工艺技术水平的一个重要表征。根据大量的生产实际数据看，相同材质和相同热处理制度的条件下，液态模锻件与其他成形工艺所得产品的性能水平比较如表2-6所示。

表2-6   液态模锻件的性能水平

性能指标	相对强度	相对延伸率	相对冲击韧性	其他
砂型铸造	1	1	1	
普通压铸	1.1~1.2	0.8~1.0	0.8~1.0	
精密铸造	1.0~1.1	1.1~1.2	1.1~1.2	
普通模锻	1.3~1.5	1.2~1.5	1.2~1.6	
液态模锻	1.2~1.5	1.2	1.2~1.4	

评价液态模锻工艺方案经济合理性的主要指标包括模具费用摊销、人工费、工艺余料切割、表面光整费以及毛坯加工费等方面。其中模具费主要是模具易损件的价格、数量和寿命，常见液锻模具易损件的造价与寿命如表2-7所示。一般来说，液态模锻铸钢件的成本比树脂砂铸造低约15%；液态模锻铝镁合金的成本与压铸件成本相当；液态模锻件的成本比模锻件低10%~20%。

表2-7   液态模锻件的经济水平评价

经济指标	计算依据和方法
模具易损件摊销	Σ（易损件价值 + 维修费用）/寿命
人工费	单位模次的人工费摊销
余料切割费	每模次的工艺余料切割过程的人工、工具和材料费
光整费	液锻件毛坯的清理、打磨、抛丸等费用
检验测试费	根据过程检验和产品检验的内容、方法、设备、要求和频度来核算
废品损失	废品数量×单件废品的生产成本

质量稳定性方面的评价指标主要是液锻件的合格率或成品率。

在批量生产条件下，合格率或成品率越高，则说明工艺技术和产品质量的稳定性越高。液态模锻工艺是靠通过设备和模具得以实现的，其产品的质量稳定性较高。一般来说，批量生产条件下，成品率在98%以上。但是，也必须注意到，在间断生产条件下，由于模具的热制度在开工初期不断变化，往往成品率较低。

2.2 液态模锻工艺设计的基本规范

液态模锻工艺设计的总原则是：便于充型、有利补缩、工艺出品率高、工艺废品率低、模具费用低、操作方便。根据这些原则，已经形成了一系列的基本规范。

2.2.1 液态模锻方式选择的规范

液态模锻是一大类材料成型技术，根据压力的作用途径不同，可以分为直接加压液态模锻和间接加压液态模锻；根据压力的作用方向又分为立式液态模锻和卧式液态模锻；根据每模成形的工件数量，可分为单腔液态模锻和多腔液态模锻。

正确选用液锻方式是液态模锻设计最基本、也是最重要的一步。一旦液锻方式选择不合理，将会给进一步的工艺设计带来很多不必要的麻烦，而且还有可能使产品质量和生产过程的稳定性受到严重影响。但是，目前液锻方式的选择还没有定式，需要根据液锻原理，通过对工件的形状、结构、尺寸和质量要求、设备特点进行综合分析来选择。以下一些原则在液锻方式选择中有一定的参考价值：

（1）根据零件类别选择液锻方式。例如：轴套类零件，通常采用单腔立式直接液锻或同向间接液锻方式；箱体类零件则多选用有芯立式或卧式间接液锻方式；叉架杆类零件则常选用多腔立式间接液锻方式；大型轮盘盖类零件通常采用单腔立式直接液锻方式；而小型轮盘盖类零件通常采用多腔异向间接液锻方式。

（2）根据产品的技术要求选择液锻方式。例如，气密性、水密性要求较高的零件一般都选用单腔同向间接液锻或直接液锻，以保证高的致密度。而外观要求高、尺寸要求严格的不加工零件只能选用多腔间接液锻。

（3）根据工件尺寸选择液锻方式。大型零件一般都选用单腔液锻，而小型零件则多选用多腔液锻。壁厚较小的零件宜选用间接液锻，实现同时凝固，而壁厚较大的零件宜选用直接液锻。

（4）根据液锻机类型选择液锻方式。一般来说，立式液锻机只能选择立式直接液锻或立式间接液锻，而卧式液锻机只能选择卧式液锻。壁厚悬殊大、结构复杂或在某些特殊情况下才选用混合式液锻。

（5）优先原则。总的来说，单腔整模无芯立式直接液锻方式优先。因为这种液锻方式模具最为简单，操作过程最为简便，产品质量最稳定。此外，还有如下几个优先原则：切削性能差或不能加工的零件优先选用间接液锻，因为间接液锻可以保证尺寸精度；气密性和水密性要求高的零件优先选用直接液锻；小零件优先选用多腔间接液锻，以便浇注，大型零件优先选用单腔液锻；轴套类和轮盘盖类零件优先选用直接液锻，而叉架杆座类和箱体类零件优先选用间接液锻。

2.2.2　成形位置的选择规范

成形位置的选择要考虑到浇道的设置、金属液的流动、施加压力的方向、工件的顶出与抽芯、工件的结构和外观要求等众多因素。成形位置选择的基本原则如下：

（1）压力传递距离最小。液态模锻的本质是压力作用下的流变成形。而压力在金属熔体中的传递是要沿程衰减的。压力传递距离越大，衰减越大，甚至在远离压力作用点处的压力降为零。所以，成形位置的选择要使压力传递距离最小，以便在最后凝固位置的有效压力大于零，这是保证充填和补缩的重要条件。

（2）便于保证工件质量。液态模锻的工件组织和性能存在一定的不均匀性，一般来说，与压头直接接触的压力作用面质量最高，而远离压力作用面的地方压力较低，质量较差。开始加压前已经凝固的部分比加压后才凝固的部分性能差。所以，成形位置选择时，应尽量将重要的工作面作为直接承压面，避免重要工作部位在重力下凝固成形。

（3）便于排气。成形位置不同，模腔气体的排除顺畅性就不同。尽可能利用工件自身的结构特点排气是成形位置选择中需要遵守的又一个原则。例如，杆形件尽量采用水平位下模内整体成形，避免直立位上模内整体成形。

（4）分模面数量最少。分模面越多，模具结构越复杂，披缝越多，模具寿命也越低。所以，分模面数量最少是选择成形位置和分模面的一个重要原则。

（5）便于型芯安装和固定。有型芯的液锻中，型芯的安装和固定是一个不容忽视的问题。成形位置不同，型芯固定的难易程度就不同。一般来说，垂直芯比水平芯更加牢固，两端带芯头的芯比悬臂芯更可靠。所以，成形位置的选择要考虑到型芯的安装。

（6）便于浇注和脱模取件。成形位置决定了浇注位置和脱模取件的方向，通过合理地选择成形位置，可以有效避免浇注过程的冲芯、卷气，并能够给机械手留出便利的取件夹持点。

2.2.3　分模面选择的基本规范

分模面选择的基本要求有四个，一是便于脱模取件；二是便于排气、集渣和溢流；三是便于开设横浇道；四是便于浇注。这些要求需要同时兼顾，综合考虑。在科学选择成形位置的同时，分模面的选择应遵守如下原则：

1. 分模面必须选在工件的最大截面处

分模的目的首先在于能将工件取出。为此，分模面要选在工件的最大截面处。如图 2 - 2 所示的零件，如果按图 2 - 2b 选择水平分模面，则工件无法取出；而按图 2 - 2a 将分模面选在最大截面处，就可以保证工件顺利取出。

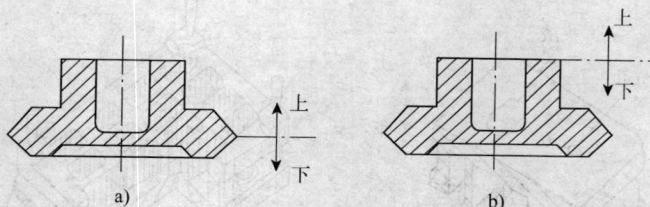

图 2 - 2　分模面必须选在最大截面处

a) 选择最大截面；b) 选择水平分模面

2. 分模面尽量选在工件的端面上，并应有利于确保成形质量

分模面上会或多或少地存在错位、披缝、浇口残留和集渣包、溢流槽的残留。所以，便于保证成形工件的质量是分模面选择中不容忽视的问题。如图 2 - 3 所示，虽然按图 2 - 3a 的方式去分模，也能保证工件取出，但是一旦上下两半模出现错位，工件有就可能报废；而按图 2 - 3b 取分模面，则使工件在整个模腔内成形，即使上下半模出现错位，也不会影响工件质量。

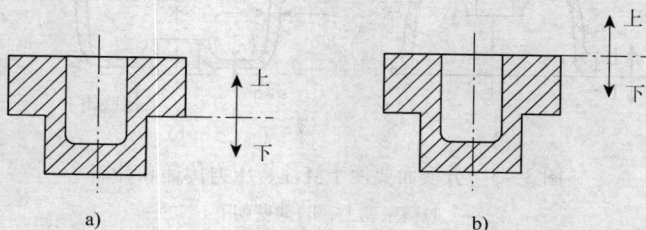

图 2 - 3　分模面要选在不影响工件质量的位置

a) 分模；b) 整模

又如图 2 - 4 所示的箱体类零件，有一个大平面。如果按图 2 - 4a 将大平面朝上，并在上平面处选择分模面，则平面上容易产生

气孔、夹渣等缺陷。反之，若按图 2 - 4b 将大平面置于下面，则夹渣、气体便于上浮，可以通过设置排气孔、集渣包等措施消除，便于保证质量。

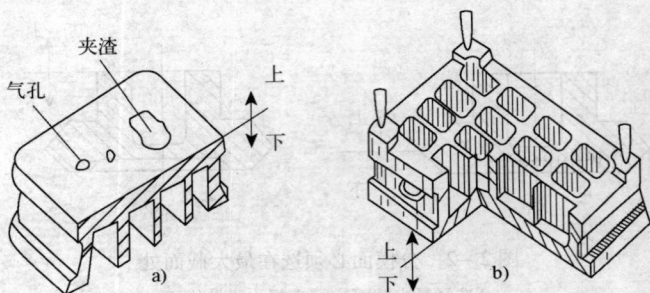

图 2 - 4　重要和大平面在下

a) 将大平面朝上；b) 将大平面置于下面

如图 2 - 5 所示的零件，若工件开口朝上（图 2 - 5b），则便于浇注金属液，合模后内腔压头可以顺利加压补缩。而若工件开口朝下（图 2 - 5a），分模面取在下平面上，薄壁在上，则内腔芯将阻碍浇注，容易出现不能完整成形的缺陷。

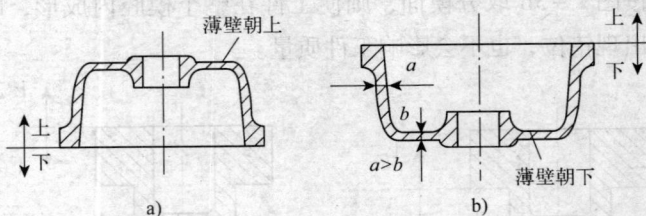

图 2 - 5　分模面要便于浇注、压力传递和补缩

a) 薄壁朝上；b) 薄壁朝下

3. 便于开设浇道和清理打磨

在多腔间接液锻中，都需要开设浇道，将工件模腔与压室相连通。而浇道只能开在分模面上，否则浇道中的金属凝固后无法取出。所以，分模面选取时要同时考虑浇道的布局。

如图 2 - 6 所示的零件在进行多腔间接液锻时，若沿纵向轴线取分模面进行立式液锻，则浇道需要开在柱面上，浇口残留不易清除。反之，若将分模面取在底面实现整模液锻，则可以在分模面上开设切线浇口，便于液流顺序流动，而且也便于切割和打磨。

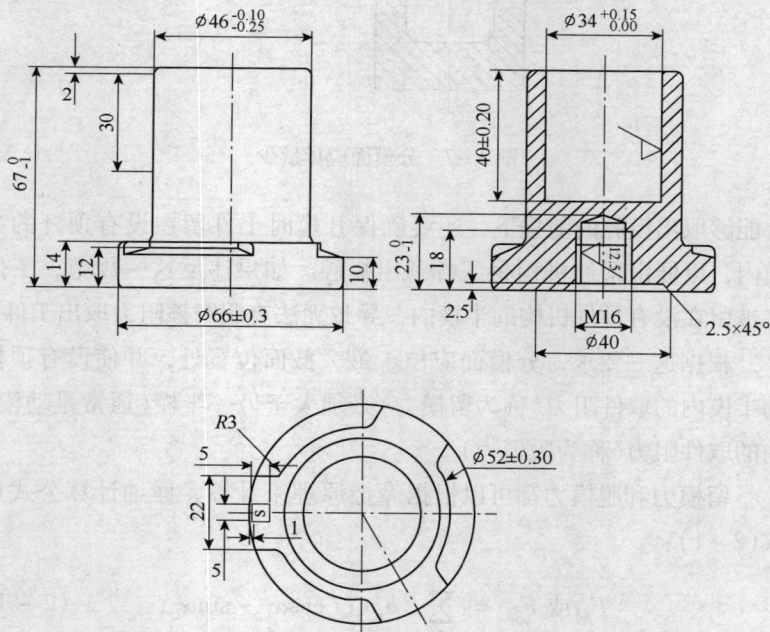

图 2 - 6　分模面要便于开设浇道

4. 宁平勿曲、宁少勿多

分模面一般不取曲面，且宁少勿多。如图 2 - 7 所示的工件，若取水平分模面进行上下分模，至少需要 2 个分模面。若取垂直分模面，则只需一个分模面即可。分模面越多，工件尺寸精度越低，且因分模面处的尖角易熔损而使模具寿命越低。

5. 留模力大于脱模力

分模面选择还要考虑开模时工件的位置。一般来说，在确保工

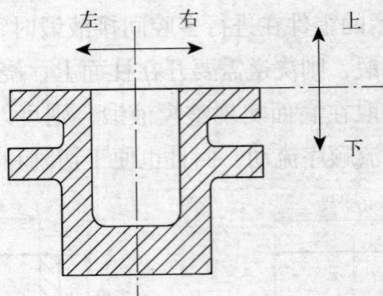

图 2 - 7　分模面应尽量少

件能够取出模腔的前提下，还要确保开模时工件留在设有顶杆的半模内，以便由顶件机构将工件顶出模腔。如果违反这一规范，工件将被留在没有顶件机构的半模内，导致无法克服摩擦阻力取出工件。

　　根据这一要求，分模面应位于最大截面位置处，并使设有顶杆的半模内的取件阻力(称为留模力)必须大于另一半模(通常是动模)内的取件阻力(称为脱模力)。

　　留模力和脱模力都可以根据摩擦原理来计算，详细计算公式见式(2 - 1)：

$$F_{脱}\text{ 或 }F_{留} = \sum_{i=1}^{n} L_i h_i p_i (f_i \cos\alpha_i - \sin\alpha_i) \qquad (2 - 1)$$

式中，i 是定模内各个阻碍工件出模部分的序号；L_i 定模内各个阻碍工件出模部分的周长；h_i 是定模内各个阻碍工件出模部分沿出模方向的高度；α_i 是定模内各个阻碍工件出模部分的斜度；n 是定模内阻碍工件出模部分的个数；f_i 和 p_i 分别是定模内各个阻碍工件出模部分对应的摩擦系数和正压强。其中工件外表面与模具腔壁之间的压强取 5 ~ 10MPa，工件与所包裹的型芯表面间的压强取 10 ~ 20MPa，高熔点合金液锻取大值，低熔点合金取小值。

　　为了满足这一规范，可以采取的措施包括：

　　(1)在两半模内设计不同的脱模斜度，动模的脱模斜度大于静模；

（2）如果可能，使定模内的工件高度大于动模内的工件高度；

（3）如果有型芯，尽量将型芯固定在定模上，增大定模内的脱件阻力。

此外，分模面选取还要便于模具安装，便于易损件的更换和模具维修。

实际生产中，由于工件千差万别，分模面的具体选择要从液锻方式、成形位置、质量要求等多方面综合考虑，对多方案进行比较后择优确定。

2.3　液态模锻主要工艺参数设计规范

2.3.1　补缩距离的设计规范——有效补缩距离大于补缩长度

虽然液态模锻是外加压力补缩，对于牛顿流体而言，理论上可以实现无限补缩。但实际上，由于金属熔体流动过程会造成压力耗散，其补缩距离也是有限的。这是因为金属熔体并不是牛顿流体，其流动过程会出现压力损失。此外，压头与模具之间的摩擦也会使有效压力不断衰减。因此，金属熔体内的比压并不是各处相等，而是随着距施压点距离的增大而衰减，如图 2 - 8 所示。这种压力的沿程衰减现象已经被很多研究所证实。沈阳工业大学李荣德以直径 50mm、高 300mm 的细长圆柱体为对象，综合考虑挤压铸造应力场模拟的特点，采用弹塑性模型对挤压铸件内部的比压分布进行热力耦合数值模拟[1]。结果表明，由于铸件和模具之间的摩擦阻力，铸件轴向比压分布呈现出严重的不均匀性，比压从上到下逐渐减小，并且随着凝固时间的延长，铸件的变形抗力不断增加，铸件与模具之间的摩擦阻力作用增强，铸件上部的比压不断增加。由于铸件的凝固收缩和压力传递的阻碍作用，下部的比压不断减小。由于金属的凝固收缩，铸件内部液相体积不断缩小，压力下铸件就要产生塑性变形来进行补缩，但是外部金属的温度低、抗力大，变形较为困难，承受的压力较大，所以铸件在同一高度上，外部的比压高于内部的比压。根据温度场模拟结果，加压45s时，铸件凝固结束，此时铸件内部比压值最小部位位于铸件中下部的轴心位置，而且又是铸件最后凝固部位，因而容易产生缩孔和缩松等缺陷。相应地，力学性能（抗拉强度）也表现出自施压点向下逐步减小的趋势。

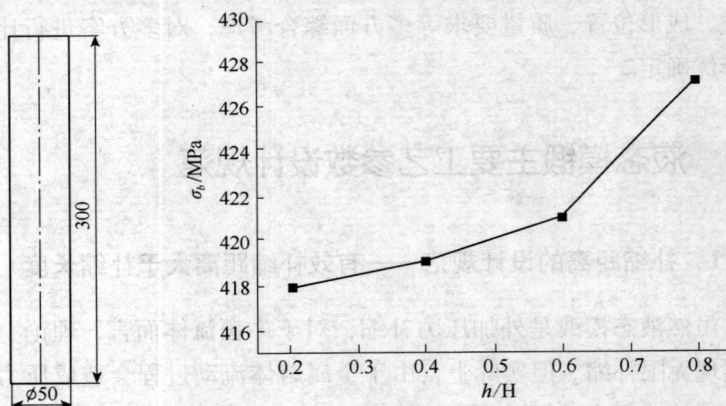

图 2 - 8　液锻力的沿程衰减

　　由此可以看出，这里有两个概念，一是施压点与液锻件最终凝固位置之间的距离，这一距离是确保液锻件得以充分补缩所需要的最小补缩距离，不妨称其为补缩长度；二是液锻力沿程衰减直至与金属熔体流变阻力相等的距离。在这一长度范围内，液锻力具有补缩作用，不妨称其为有效补缩长度。显然，要确保液锻件充分补缩，就要求有效补缩距离大于液锻件的补缩长度。基于此，液锻工艺设计的基本规范之一就是有效补缩距离 L_e 必须大于补缩长度 L_{max}。即：

$$L_e \geqslant L_{max} \qquad\qquad (2-2)$$

　　相反，如果有效补缩距离 L_e 小于补缩长度 L_{max}，则在最后凝固位置就会出现收缩缺陷。

根据这一设计规范，在液锻工艺设计中，应当设法延长有效补缩距离或者缩短补缩长度。减小金属熔体的流变抗力或提高液锻力，可以延长有效补缩距离；合理选择施压点或减小压力的沿程损耗，都可以减小补缩长度。

设施压点作用在金属熔体上的比压为 p，单位长度的压力衰减为 Δp，金属熔体在固相线温度时的流动应力为 τ_c，则有效补缩距离可以用式 (2-3) 定量计算[3]：

$$L_e = \frac{p - \tau_c}{\Delta p} \qquad (2-3)$$

将式 (2-3) 代入式 (2-2) 并加以整理，可得液锻工艺设计的基本规范之一：

$$\frac{p - \tau_c}{\Delta p} \geqslant L_{max} \qquad (2-4)$$

2.3.2　金属液浇注量设计规范——实际浇注量大于临界浇注量

在液锻工艺中，金属液的实际浇注量是一个极为重要的工艺参数。对于任何一个液锻件而言，必然存在一个最小浇注量，不妨称其为临界浇注量。事实上，临界浇注量存在如下三种含义：

（1）受压室容积所限的临界浇注量。在间接液锻中，金属熔体首先浇入压室内，然后再被压入模腔。因此，压室的容积就决定了最大浇注量。

（2）受金属熔体收缩特性所控制的临界浇注量。在直接液锻中，金属熔体的浇注体积必须大于液锻件毛坯的体积，其差值就是体收缩量。液锻件体积与体收缩体积之和就是临界浇注量。如果浇注体积小于这一临界浇注量，则所成形的工件尺寸必然不满足要求，或者内部有缩孔或缩松。

（3）受溢流、料饼等工艺余料所控制的临界浇注量。在液锻工艺中，一般都有溢流、料饼等工艺余料，金属熔体的浇注量必须考虑这些工艺余料带来的金属熔体的消耗，液锻件本身的体积与工艺余料体积之和也是一个临界浇注量，如果浇注量小于这个临界浇注量，则同样不能获得完整的液锻件。这种考虑了工艺余料的最小浇注量称为工艺临界浇注量。

将上述三种情况综合起来，液锻工艺设计中，金属液浇注量的设计规范应当是浇注量必须大于考虑了金属熔体的体收缩和工艺余料的临界浇注量。

设液锻件体积为 $V_{件}$，其体收缩量为 $V_{缩}$，工艺余料所占的体积为 $V_{余料}$，压室的有效容积为 $V_{压室}$，则浇注量的设计规范可以表示为：

$$V_{件} + V_{缩} + V_{余料} \leq V_{浇注} \leq V_{压室} \qquad (2-5)$$

为确保遵守这一规范，可以采取如下措施：

（1）使用容积可调的压室，使压室容积始终留有余量，以适应体收缩随浇注温度的波动；

（2）计算压室的有效容积时，只考虑浇道底以下的空间。

2.3.3 保压时间设计规范——保压时间稍小于工件凝固时间

保压时间是指从液锻力达到设定值至解除液锻力的时间长，凝固时间则是指液锻件从浇注完毕直至完全凝固所需的时间，开始加压时间是指从浇注结束至所加液锻力达到设定值的时间。保压时间是液态模锻的又一主要参数。保压时间的设计规范是保压时间稍小于最后凝固位置的凝固时间，其临界值是凝固时间 t_s 与开始加压时间 t_0 之差，即：

$$t_p \approx t_s - t_0 \qquad (2-6)$$

其中液锻件的凝固时间 t_s 是一个预先难以准确确定的量，可以根据如式（2-7）所示的平方根定律进行粗略估算：

$$t_s = \left(\frac{D}{K}\right)^2 \qquad (2-7)$$

式中，D 是液锻件热节位置的等效厚度，其数值等于其体积与散热面积的比，单位为 cm。不同类别液锻件的等效厚度计算公式如表 2-8 所示[4]。各种材料液态模锻的凝固系数目前尚无可靠的数据，一般可以按表 2-9 推荐的数据进行设计，凝固时间也可以利用计算机进行凝固过程模拟计算来获得。

表 2-8　常见液锻件的等效厚度计算表

液锻件类别	常见热节位置	等效厚度计算公式
板型件	平板中央	板厚
轮盘盖	垂直臂与水平壁交汇部 $R = \dfrac{a+b}{4}$　$a \geq b$ 取值范围： a:10~200 mm b:30~200 mm	精确计算式： $$\phi_0 = a + \frac{(3b+a)^2}{8(b+3a)}$$ 简易估算式： $$\phi_0 = a + 0.5b - 2$$ （误差小于 ±3mm）
叉架杆 筒套管 箱体	杆与杆的交汇部， 垂直臂与水平壁交汇部， 两个厚壁交汇部 $R = \dfrac{a+b}{4}$　$a \geq b$ 取值范围： a:40~150 mm b:30~150 mm	精确计算： $$\phi_0 = \frac{1}{2}\left[\sqrt{10(a+b)^2 - 8ab} - (a+b)\right]$$ 简易计算： $$\phi_0 = a + 0.8b + 2$$ （误差小于 ±2mm）

表 2-9　常见材料液锻件的凝固系数

液锻件材质	凝固系数/(cm/min$^{1/2}$)	备注
碳钢	2.6 ~ 2.8	有隔热涂料时取小值
高合金钢	2.4 ~ 2.6	导热性好的合金取大值

续表

液锻件材质	凝固系数(cm/min$^{1/2}$)	备注
灰铸铁	2.7~2.9	牌号高者取小值
球铁	2.6~2.9	牌号高者取小值
铜合金	2.8~3.2	导热性好的合金取大值
铝合金	2.8~3.1	
锌合金	2.7~2.9	

2.3.4 液锻力设计规范——液锻力大于凝固层的变形抗力

液锻力是指作用在金属熔体上的压力，它是液态模锻重要的工艺参数。液锻力的设计原则是所加液锻力能够使金属熔体在整个液锻过程都能发生变形和流动。其定量设计规范是液锻力必须大于液锻结束时工件材料的变形抗力，或者是液锻力在工件内产生的应力必须大于液锻结束时工件材料的临界切应力。只有这样，才能确保液锻件在液锻力作用下发生必要的流变，实现充型和补缩。

事实上，在液锻成形的不同阶段，液锻力的作用各不相同。在液锻初期，主要任务是使金属熔体发生强迫流动，充满模腔。这一阶段液锻力的作用是提供金属液充型流动的动力。由于此时金属熔体温度较高，临界切应力小，需要的液锻力也较小，一般只有1~10MPa即可。在液锻中期，液锻力的作用在于使未凝固金属向发生体收缩的部位流动，实现补缩。这一阶段，已凝固金属的份额不断增多，但尚有未凝固金属存在，总的变形抗力不是很高。所以，需要的液锻力不是很高，一般在20~60MPa范围即可。在液锻后期，液锻力的作用是使工件发生塑性变形，实现致密化，这一阶段，工件已经基本全部凝固，变形抗力大，所以，需要的液锻力最高。对不同的材料，这一数值差异较大。具体数值可以以《金属材料手册》中的高温强度作为参考。

　　尽管如此，这三个阶段很难准确划分，实际上是一个连续的过程。因此，实际中，液锻力都按照最后阶段的需要值设计。只有使用全自动专业化液锻机进行液锻时，才有必要进行分段设定液锻力。

　　设液锻材料在终锻温度时的流变应力为 σ_c 或 τ_c，液锻运动副的摩擦阻力损耗为 ΔP，则液锻力的设计规范应当是液锻力大于运动过程的阻力、发生切变流动的剪切抗力以及发生拉伸流动的拉伸抗力之和，其数学表达式如式（2－8）：

$$P \geqslant \tau_c \sum_{i=1}^{n} A_i + \sigma_c \sum_{j=1}^{m} A_j + \Delta P \qquad (2-8)$$

式中，A_i 是各个剪切流动的剪切面面积；A_j 是各个拉伸流动的横截面面积；ΔP 是液锻运动副的摩擦阻力。在实际中，第 1 项和第 2 项只考虑一项即可。但在大型复杂件液锻时，需要同时考虑这两方面的力。

2.4　液态模锻浇注系统设计规范

　　内浇道是间接液态模锻浇注系统中的关键单元，它是连接压室和工件的通道，也是引导熔融的金属液以一定的速度、压力、在一定时间内填充型腔的通道。它的重要作用是形成良好填充液态模锻模具型腔所需要的最佳流动状态。因此，内浇道的设计任务主要是：确定内浇口的位置、方向以及内浇口的形状和截面尺寸；预测金属液在填充过程中的流态；分析可能出现的死角区或裹气部位；从而在适当部位设置有效的溢流槽和排气槽。

2.4.1　液锻内浇道位置设计规范——对称分布和长度最短

　　实践经验表明，把内浇道设置在一个比较合适的位置，即使增加了模具的复杂程度也是值得的。应尽可能把内浇道设置在离工件的重要部位较近的地方。离内浇道较近的地方是金属液的流经段，流经段的金属液的内、外质量都较好；而远离内浇道的地方往往是金属液的终停段，终停段往往是料温较低、金属液撞壁后折返形成的漩涡处或是多股液流的汇合处，有夹渣、冷隔、花纹、气孔等，缺陷较多。

对于中心浇道，从中心浇道到型腔末端的流程较短，转折较少，使金属液在充型过程中温度降低少，动能损失少并且转折时撞壁飞溅轻，因而减少了欠铸、冷隔、气孔多等缺陷。中心浇道一般都位于型腔深处，金属液从型腔深处流向分型面，顺序地将气排出，排气条件好，气孔自然少。

对于边浇道，注入金属液时容易发生堵住分型面而后充填型腔深部的现象，导致排气不畅，气孔缺陷严重。使用边浇道时应尽量把内浇道设置在铸件厚壁处。设置在厚壁处的内浇道对增压效果显著，能起到良好的补缩作用。

可见，无论什么类型的浇道，对称分布和长度最短是基本要求。不仅如此，液态模锻的浇道设计还要遵循顺序凝固的原则，即凝固顺序是工件最先凝固，然后内浇道凝固，最后是压室内金属凝固。只有这样，才能确保整个液锻过程补缩通道畅通，实现有效补缩。

2.4.2　内浇道尺寸设计规范——粗短型优先

合金熔体在内浇道内流动的压力损失如式(2-9)[2]：

$$\frac{\Delta p}{l} = \frac{8\mu\bar{v}}{R_{eq}^2} \qquad (2-9)$$

式中，Δp 是流经内浇道的压力损失；l 是内浇道的长度；R_{eq} 是内浇道的等效半径，其定量计算公式是内浇道横截面周长 C 除以 2π，$R_{eq} = \dfrac{C}{2\pi}$；$\bar{v}$ 是内浇道内的平均流速；μ 是合金熔体的运动黏度系数。

可见流道越长，流经内浇道的压力损失越大；内浇道截面尺寸越大，压力损失越小。所以，内浇道形状设计的基本原则是：粗而短。

北京交通大学郭洪钢根据流道内流动的温度和压力降，导出了内浇道等效半径的设计计算公式[2]：

$$R_{eq}^2 > \frac{8A'(T_L - T_S)\bar{v}}{(p_1 - \tau_c)kB'}\left\{1 - \exp\left[\frac{B'(T_L - T_1 - kX_j)}{T_L - T_S}\right]\right\}$$

$$(2 - 10)$$

式中，A'、B'是合金熔体表观黏度的两个系数 $\eta_a = A'\exp(B'f_s)$；T_L、T_S分别是合金熔体的液相线温度和固相线温度；p_1、T_1分别为压室内合金熔体所受的压强和温度；k是合金熔体沿内浇道流动时单位长度的温度降；X_j是工件的最大充型长度，即工件的最远端距内浇口的长度；$\bar{v}$是内浇道内熔体流动的平均速度。

从式(2 - 10)可知，内浇口的最小半径与充型速度、有效充型压力和工件的最大充型长度(即轮廓尺寸)密切相关，与充型速度成正比，与有效充型压力成反比，随工件的最大充填长度的增大而增大。因此，内浇道截面尺寸的设计准则是：其等效半径要满足式(2 - 10)的要求。否则，容易产生充不满或冷隔等缺陷。

2.4.3　内浇道截面形状的设计规范

间接液态模锻过程中要实现补缩必须满足四个条件[3]：一为力学条件，即液锻机提供的有效压力必须大于充型阻力，即 $P > F$；二为时间条件，即液锻力作用的时间 t_p 要大于金属液的凝固时间 t_s；三是速度条件，即加压流变速度 $\bar{v}$ 大于工件的体收缩速度 v_s；四是通道畅通条件，即型腔充满后及随后的保压补缩过程中，要始终存在一个与压室连通的相对高温区，即内浇道最后凝固。这四个条件同时满足，才实现良好的补缩，获得致密的工件。然而，间接液锻条件下的补缩金属是通过内浇道流向热节位置的，因此，内浇道在整个保压补缩期间能够发生流变是充分补缩的必要条件。内浇道内金属能否流变受控于金属流经内浇道的充型阻力与充型压力。显然，充型阻力越大，补缩越困难。

1. 圆柱形内浇道内的充型阻力

假设内浇道为圆柱形，合金熔体的流变特性可以用假塑性体描述，即 $\tau = \eta_0 \dot{\gamma}^n = -\eta_0 \left(\dfrac{\mathrm{d}v_z}{\mathrm{d}r} \right)^n$，$r$ 为半径方向坐标。假定内浇道内的流变充型可视为沿流动方向 z 稳定态等温层流充型，则根据流变力学原理，在圆柱形内浇道中流动时的体积流率方程为：

$$q_v = \left[\frac{\pi D_1^{\,3} n}{8(3n+1)} \right] \left(\frac{D_1 \Delta p_1}{4\eta_0 L_1} \right)^{\frac{1}{n}} \qquad (2-11)$$

又因为：

$$q_v = \frac{\pi D_1^2 \bar{v}}{4} \qquad (2-12)$$

将式(2-12)代入式(2-11)整理后可得到长度为 L 的圆形内浇道内合金熔体流动充型时的压强降为：

$$\Delta p_1 = 4\eta_0 L \left[\frac{2(3n+1)\pi \bar{v}}{\pi n} \right]^n D_1^{-(n+1)} \qquad (2-13)$$

由此可得，要使金属熔体能在内浇道内流动，必须克服的充型阻力为：

$$F_{n-y} = \frac{\pi D_1^2}{4} \Delta p_1 = \pi \eta_0 L \left[\frac{2(3n+1)\pi D_1^2 \bar{v}}{n} \right]^n D_1^{-3n+1}$$

$$= \pi \eta_0 L \left[\frac{2(3n+1)\pi \bar{v}}{n} \right]^n D_1^{-n+1} \qquad (2-14)$$

式中，n 为幂律指数，小于 1；Δp 为在内浇道长度为 L 上的压力降；η_0 为合金熔体零剪切时的黏度；D_1 为圆形内浇道的直径。

2. 矩形内浇道内的充型阻力

如果内浇道横截面为矩形时，设内浇道的宽为 W_1，高为 H_1，且其宽高比 $W_1/H_1 < 20$。合金熔体仍视为假塑性体，其在矩形内浇道中流动充型时的体积流率为：

$$q_v = \frac{nW_1H_1^2}{2(2n+1)} \left(\frac{H_1\Delta p_1}{2\eta_0 L_1}\right)^{\frac{1}{n}} S_q \qquad (2-15)$$

类似地整理后得：

$$\Delta p_1 = \frac{2\eta_0 L_1}{H_1} \left[\frac{2(2n+1)}{nW_1H_1^2 S_q}q_v\right]^n \qquad (2-16)$$

矩形内浇道内的充型阻力为：

$$F_{n-j} = W_1 H_1 \Delta p_1 = 2W_1\eta_0 L_1 \left[\frac{2(2n+1)\bar{v}}{nH_1 S_q}\right]^n \qquad (2-17)$$

3. 圆锥形内浇道内的充型阻力

如果内浇道为圆锥管道时，如图 2-9 所示。设其大小端的半径分别为 R_1 和 R_2，锥角为 2α，内浇道长度为 L_1。合金熔体充型时大口进，小口出。

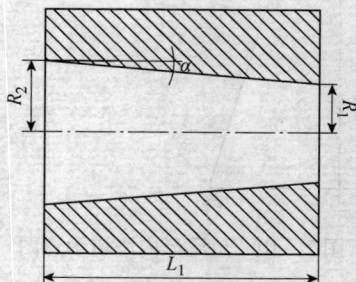

图 2-9　圆锥形内浇道示意图

则圆锥形内浇道内的压强降为：

$$\Delta p_1 = \frac{2\eta_0}{3n} \left[\frac{(3n+1)q_v}{n\pi}\right]^n (R_2^{-3n} - R_1^{-3n}) \qquad (2-18)$$

计算圆锥形内浇道内充型时的压力降时，取中性面为计算面，则充型阻力为：

$$F_{n-z} = \frac{\pi(R_1^2 + R_2^2)}{2}\Delta p_1 = \frac{\pi(R_1^2 + R_2^2)\eta_0}{3n}\left[\frac{(3n+1)q_v}{n\pi}\right]^n(R_2^{-3n} - R_1^{-3n})$$

$$(2-19)$$

式中，q_v 是内浇道的体积流率。

4. 鱼尾形内浇道内的充型阻力

如果内浇道为鱼尾形狭缝时，即合金熔体流动充型时既有缝隙高度方向上的锥角 2α，又具有宽度方向上的锥角 2β 的双向呈线性变化的狭缝形内浇道，如图 2-10 所示。其大口为 $W_2 \times H_2$，小口为 $W_3 \times H_3$，合金熔体从大口流入，小口流出。

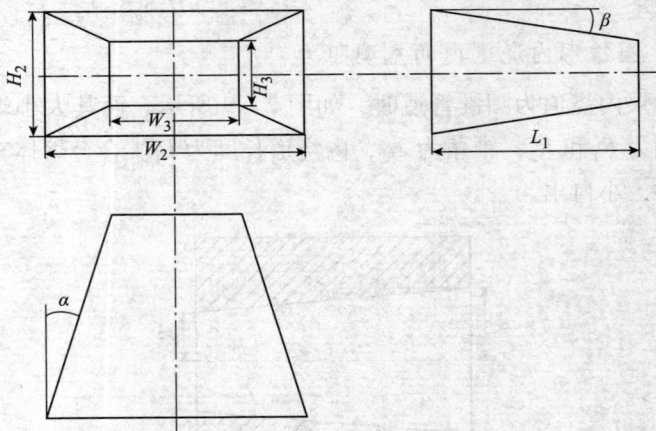

图 2-10　鱼尾形内浇道示意图

类似的，可得到鱼尾形内浇道中合金熔体在流动充型过程中压强降为：

$$\Delta p_1 = \frac{\eta_0 \cot a \cot b}{4n(n-1)}\left[\frac{2(2n+1)}{n}q_v\right]^n\left[H_3^{-2n} - H_2^{-2n}\right]\left[W_3^{1-n} - W_2^{1-n}\right]$$

$$(2-20)$$

同样，在计算鱼尾形内浇道内充型时的压力降时，取中性面为计算面，则有：

$$F_{n-yu} = \frac{W_2H_2 + W_3H_3}{2}\Delta p_1$$

$$= \frac{\eta_0 \cot a \cot b (W_2H_2 + W_3H_3)}{8n(n-1)} \left[\frac{2(2n+1)}{n}q_v\right]^n \left[H_3^{-2n} - H_2^{-2n}\right]\left[W_3^{1-n} - W_2^{1-n}\right]$$

$$(2 - 21)$$

由上可见，不同截面形状的内浇道其传热与流动状态会有明显差异，导致充型阻力不同。选择内浇道截面形状的原则是：确保压头产生的补缩压强 p 大于所有内浇道内的压强降，或者是液锻力 P 必须大于内浇道内的最大充型阻力 F_n，即：

$$p > N_r\Delta p_1 \qquad (2 - 22a)$$

或者

$$P > F_n \qquad (2 - 22b)$$

式中，N_r 是内浇道的个数。

2.4.4　充型速度设计规范

充型速度是用来描述金属液充填模腔快慢的物理量，其大小用内浇口出口处金属液流出的线速度来表达。充型速度的快慢直接影响充型效果和工件质量。液态模锻与压铸的本质区别之一就是充型速度的大小。直接液锻的充型速度一般为 0.05~0.1m/s，间接液锻的内浇口处运动速度一般为 0.3~1.5mm/s，而压铸的充型速度则高达每秒几米至几十米。

充型速度过快，充型能力好，但是容易出现卷气现象，所得工件难以进行热处理；充型速度过慢，可能导致冷隔缺陷。因此，恰当的充型速度是液态模锻工艺设计中的一个重要条件。事实上，内浇口出口的恰当流速是一个很难确定的量，目前还没有定量设计的准则，只能根据经验选取。推荐的间接液锻中内浇口出口流速如表 2 - 10 所示。

表 2 - 10　间接液锻内浇口出口流速推荐值

材质	工件等效壁厚/mm	推荐的内浇口流速/(mm/s)
铝合金	3 ~ 10	0.5 ~ 1.0
	10 ~ 20	0.3 ~ 0.5
	≥20	0.15 ~ 0.30
铜合金	5 ~ 15	0.4 ~ 1.0
	15 ~ 30	0.2 ~ 0.4
	≥30	0.05 ~ 0.2
钢	5 ~ 10	0.4 ~ 0.8
	10 ~ 20	0.2 ~ 0.4
	≥20	0.1 ~ 0.2
球铁	10 ~ 20	0.3 ~ 0.5
	20 ~ 40	0.1 ~ 0.3
	≥40	0.05 ~ 0.1

2.4.5　压头运动速度设计规范

压头的运动是推动金属液实现充填和补缩的源泉，也是直接控制充型速度的关键。因此，压头运动速度的设计是工艺设计中必不可少的内容。其设计的基本原则是确保内浇道出口的速度和流量适中，即满足表 2 - 10 的要求。

首先按照工件的形状、材质和壁厚情况选定一个合适的充型速度 $\bar{v}$，根据式(2 - 10)计算出一个适当的 R_{eq} 和内浇口截面积的大小 A。设压头的横截面积为 A_P，根据等流量原理可以计算出一模 N_n 件时，压室内合金熔体在压头推动下的运动速度 v_p（也就是压头的运动速度）为：

$$v_P = \frac{N_n \pi R_{eq}^2 \bar{v}}{A_p} \qquad (2-23)$$

设压室深度为 H，则充型时间为：

$$t_1 = \frac{H}{v_p} \qquad (2-24)$$

如果在充型和保压期间，内浇道已经全部凝固，则阻断了压力传递和金属液流动的通道，工件无法得到完整充填和补缩，最后会形成冷隔或缩松缩孔等缺陷。因此，内浇道的凝固时间应大于充型时间和保压时间之和。内浇道的凝固时间可以根据平方根定律计算如下：

$$t_n = \frac{1}{K_n^2}\left[\frac{V_n(1+\beta)}{A_n}\right]^2 \qquad (2-25)$$

设保压时间为 t_2，则可得压头运动速度的设计规范：

$$t_n > t_1 + t_2 \qquad (2-26)$$

也就是：

$$v_p > \frac{HK_n^2}{\left[\dfrac{V_n(1+\beta)}{A_n}\right]^2 - K_n^2 t_2} \qquad (2-27)$$

式中，K_n 是内浇道内金属的凝固系数，$K_n = \dfrac{(T_L - T_m)b}{[L + (T_J - T_L)C]\rho}$，

其中，T_L 为金属液的液相线温度（K）；T_m 为模具平均温度（K）；T_J 为浇注温度（K）；L 为合金熔化潜热（J/kg）；C 为合金液热容量 [J/(kg·K)]；ρ 为合金凝固后的密度（kg/m³）；$b = \sqrt{\lambda_{型} C_{型} \rho_{型}}$ 为铸型蓄热系数 [J/(m²·K·s^{1/2})]；$\lambda_{型}$ 为模具导热率 [W/(m·K)]；$C_{型}$ 为模具热容量 [J/(kg·K)]；$\rho_{型}$ 为模具材料密度（kg/m³）。

只要知道了工件材料和铸型材料，即可计算出 K_n，代入式（2-27）即可计算出恰当的压头运动速度。

参考文献

[1] 李荣德，侯君，于茜，等．大高径比 ZA27 合金铸件挤压铸造应力场模拟[J]．沈阳工业大学学报，2005，27(2)：138 – 142.

[2] 郭洪钢．液态模锻关键模具参数设计准则研究[D]．北京：北京交通大学，2014.

[3] 邢书明．半固态合金流变成形工艺理论——第二部分流变补缩理论[J]．特种铸造及有色合金，2005，25(1)：248 – 253.

[4] 冯兆伟．T 字形与十字形热节圆直径简易计算[J]．铸造技术，1987(6)：64 – 68.

第3章　液态模锻模具设计

液态模锻用模具简称液锻模。本章系统介绍了液锻模的失效形式、常见液锻模的类型、特点和液锻模设计的基本规范等内容，为针对具体工件进行液锻模设计提供直接的参考。

3.1　液锻模的基本组成和特点

传统的锻模是一种能使坯料成形为模锻件的工具。与传统的锻模不同，液锻模是使液态金属成形为模锻件的一种工具。液态模锻与普通模锻最大的区别在于原料状态，液态模锻的原料是不定形的液态，而普通模锻的原料都有一定的形状。因此，液态模锻模具和固态模锻模具存在明显的区别。归纳起来，液态模锻模具的主要特点是：

（1）模腔方面：液锻过程的原料是液态金属，其定量难以确定，杂质和气体必须排除。因此，液锻模必须有与液态金属浇注量相适应的模腔空间，这一空间既可以是工件的一部分，也可以是工件之外的专用空间。此外，还必须留有补缩用金属的储存空间，必须有溢流和集渣的辅助空间。

（2）运动副方面：液锻模的运动副间隙比普通模锻模的运动副间隙小，且还要考虑工作期间热、力两因素对配合间隙的影响作用。

（3）材料方面：由于液锻模比固态模锻的工作温度高，且波动范围大。因此，首先要求材料具有高的回火稳定性，防止工作期间发生软化而导致塑性变形；此外，还要求材料具有良好的抗急冷急热开裂能力，防止在预热不充分或喷涂料等急冷急热过程中发生开裂。

(4)结构方面：由于液锻工艺是一种近净成形工艺。所以，可以使用型芯、活块等结构来形成孔、台等复杂结构，相应地，其模具结构也比固态锻造模具复杂得多。

液锻模具的作用包括受料(接受金属液)、赋形(对液态金属形成约束、赋予要求的形状)、承压(承受必要的压力实现金属熔体的流变)和出料(将工件顶出)等基本功能。相应地，液锻模具的基本组成包括模腔、模芯、模套、连接零件、支撑零件、定位零件、导向零件、卸料机构等。模腔是形成工件外形的空腔，这一空腔开设在模芯上；模芯用模具钢制成，与高温的金属熔体直接接触，寿命较短，需要定期更换；模芯外起到提高模具整体强度和刚度作用的零件称为模套，由结构钢制成；连接零件是将模具的不同部分连接为一个整体，并将模具与液锻机连接牢固的一类结构件，如：螺钉、螺栓等；支撑零件是用来支撑模具的结构件，如：模腿、模支撑等；定位零件是用来对模具不同部分进行定位、以便安装和工作的一类结构件，如：定位销、定位柱、定位套等；导向零件是指对运动零部件进行导向的一类结构件，如：合模导柱、压头导向套等；卸料机构是用来将成形后的工件从模具腔中顶出的机构。

液锻模具是液态模锻最重要的工艺装备之一，一个完整的液锻模具包括模座、模架、模套、模体、模腔、卸料机构、加压机构、模具调温机构等部件。如图 3 - 1 所示的液锻模具，其基本的结构组成包括赋形零件、定位导向机构、开合模机构、连接与固定机构、卸料机构、模具温度调控系统等六部分。凸模、凹模、型芯、镶块、压头和压室都是赋形零件。所谓赋形零件，是指与金属熔体接触，用来赋予工件要求形状的零件，它们与金属熔体直接接触，在它们的冷却作用下，使金属熔体冷却凝固成要求的形状。赋形零件直接与高温的金属熔体接触，承受高温高压的作用，所以是整个模具中寿命最短的易损件。一旦损坏，必须更换。为了降低模具费用，凹模和凸模通常都设计成内外两部分的组合。内层称为模芯，用来赋形，采用高品质的模具钢制成，而外层使用常规结构材料制成，用来提供足够的强度和刚度，两层之间采用过盈配合压装在一起。当模芯损坏后，只需更换模芯，模套还可以继续使用。赋形零件的基本作用就是形成工件的形状。所以，所有赋形零件设计的关键都是根据工件形状进行其赋形表面的形状和尺寸设计。

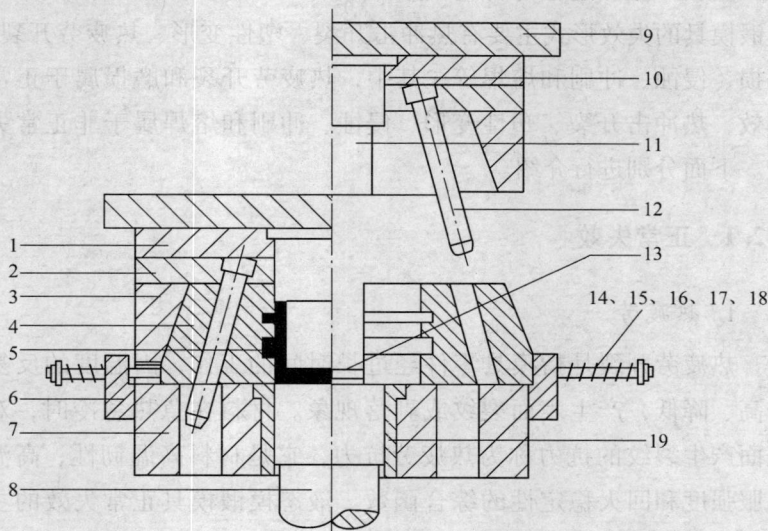

图 3-1　液锻模具基本结构示例

1—斜销压板；2—斜销固定板；3—锁模套；4—可分凹模；5—液锻件；
6—定位板；7—下模板；8—压头、顶杆；9—上模板；10—凸模压板；11—凸模；
12—斜销；13—导板；14、15、16、17、18—定位部件；19—压套

3.2　液锻模的失效形式

液锻模结构复杂，制造成本较高。因此，模具寿命一直是高

熔点合金液态模锻推广应用的限制环节，也是液态模锻产品成本构成的重要方面。液态模锻中模具的高温热冲击行为、热穿透行为和热 - 力耦合行为是造成模具失效的根本原因。钢铁材料的液态模锻中，这些因素作用更加强烈，模具失效行为更加复杂。

最近的研究和实践表明，模具寿命问题不能一概而论。在直接液锻中寿命最短的模具零件是压头、芯杆和形成型腔的模芯，即赋形零件；而间接液锻中，寿命最短的零件除赋形零件外，还有压头和压室。这些零件的失效形式各不相同。归纳起来，液态模锻模具的失效形式主要有热冲击开裂、塑性变形、热疲劳开裂、磨损、侵蚀、冲刷和熔焊等。其中，热疲劳开裂和磨损属于正常失效，热冲击开裂、塑性变形、侵蚀、冲刷和熔焊属于非正常失效。下面分别进行介绍。

3.2.1　正常失效

1. 热疲劳

热疲劳开裂是指模具零件经过长时间的工作，因温度的反复升高、降低，产生表面裂纹或剥落现象。材料在急热急冷时，对表面产生裂纹的抗力称为热疲劳抗力，它是材料高温韧性、高温屈服强度和回火稳定性的综合函数。液态模锻模具正常失效的主要形式之一是热疲劳失效，其表现形式为出现热疲劳裂纹。热疲劳裂纹大多出现在急冷急热的模具型腔表面，裂纹较浅，呈单条状、放射状、网状或"鸡爪"状。

热疲劳裂纹扩展引起的开裂是模具出现断裂的一种普遍原因。高温状态下，模具材料的晶界强度小于晶内强度。在循环应力作用下，型腔表面滑移带在晶界上形成位错塞积，造成应力集中，当晶界处峰值应力达到模具材料断裂强度时，晶界便开裂。晶粒尺寸越大，晶内塞积位错越长，晶界上应变量越大，越易沿晶界和非金属夹杂物处萌生疲劳裂纹，再经扩展便产生热疲劳断裂。

　　造成模具热疲劳失效的主要原因是模具受到热冲击产生的循环应力作用。在浇注和充型时，模具型腔膨胀产生压应力，在制件被顶出后的喷涂涂料过程中，型腔表层中的压应力迅速转换为拉应力，每一个成形循环型腔表层各出现一次迅速变化的压应力和拉应力，当这些应力超过模具钢的高温屈服强度时，型腔表面就会出现塑性变形。在循环使用过程中，型腔表层产生反复的压缩变形和拉伸变形，必将导致热裂纹的萌生和扩展，产生热疲劳失效，这是液态模锻模具失效的最普遍的原因之一，也是液锻模具的正常失效形式。

　　模具材料的化学成分不均匀、组织呈带状分布、存在碳化物液析及非金属夹杂等都会致使模具产生附加内应力，当模具在冷 - 热循环和机械循环应力的环境下服役时，在型腔表面拐角处的应力集中部位率先产生裂纹源，再加上型腔表面脱碳等原因降低材料的疲劳强度，导致模具开裂失效。

　　在低熔点合金的液态模锻中，热疲劳失效占模具失效比例的80%；在高熔点合金液态模锻中，模具的热疲劳也是模具失效的主要原因之一。若钢材抗氧化性较差，会加速热疲劳裂纹的萌生与扩展，并伴随热磨损，当疲劳裂纹扩展到某一临界尺寸时，将发生机械疲劳断裂。

　　2. 模具的磨损

　　模具磨损是液锻模失效的一种正常形式，其表现形式为磨损造成模具尺寸超差和变形。按磨损机理可分为磨粒磨损、粘着磨损和疲劳磨损。按磨损形式与应力及冲击载荷施加方式不同，磨粒磨损又分为凿削式、研磨式和划伤式三种。凿削式磨损一般在应力和冲击力较大时发生，当材质组织性能不均匀，内有夹杂硬质相和硬质点引发的磨损均为凿削式磨损；当作用力很大而冲击力不大，如研磨、抛光等属于研磨式磨粒磨损；外来硬质颗粒，如：粉末、铁屑、砂粒等引发的磨损均属划伤式磨粒磨损。

目前，国内外对摩擦磨损失效形式和材料高温摩擦磨损性能进行了一些研究。研究表明，模具初始硬度越高，抗磨能力越强。当摩擦系数大于 0.35 时，模具磨损量迅速增大。而温度的影响比较复杂，一方面，高温使模具表层软化而加速磨损，另一方面，又在模具表层形成氧化膜阻止金属表面大面积接触，使磨损减小。一般认为，温度对材料特性和硬度的影响是预测模具寿命的影响因素之一。

3.2.2 异常失效

1. 热冲击断裂

热冲击造成的模具早期失效称为热冲击断裂。它是指模具在短时间内甚至新模具刚使用几模次就出现的横向或纵向较深裂纹。热冲击断裂是模具热冲击过程中大的热应力超过了模具材料的断裂强度造成的。这是一种异常失效。

图 3-2 所示就是一个示例。可见，型腔内表面裂纹粗大，裂纹分枝较少，该裂纹在模具投入使用仅仅数模就出现在型腔内部。其原因是：在使用的前几次，模具预热温度较低，在成形过程中，型腔温度急剧升高，巨大的热冲击使热应力超过了模具材料的断裂强度，造成了该类型的开裂。该类型的裂纹对于冷模使用的模具尤为常见，在冷模锻造时也经常出现。

图 3-2b 所示的型腔底部裂纹也是一种热冲击开裂，它是由浇注和涂料喷涂过程中大的热冲击造成的。浇注时高温合金熔体直接冲击型腔底部；而且型腔底部与高温制件接触的时间较长，温度较高。喷涂涂料时涂料首先接触到高温的型腔底部，这些过程使型腔底部出现非常大的拉-压循环应力。若该循环应力大于材料的疲劳极限或材料的强度极限，就出现热冲击裂纹。

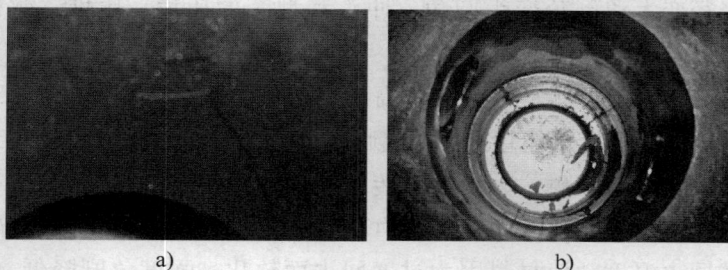

图 3 - 2　模具的热冲击裂纹

a）型腔表面；b）型腔底部

　　模具热冲击开裂与热疲劳失效的不同点在于：①出现热冲击裂纹的模具寿命往往低于出现热疲劳裂纹的模具寿命；②前者的裂纹较深，往往只有一条或两条，很少出现复杂的网状。

　　目前，对模具热冲击断裂的研究处于应用性研究阶段，主要采取选取模具材料、对模具合理预热温度、提高模具钢的强度和采用原始韧性优良的模具钢等方法预防热冲击断裂。在成形过程中，模具受到合金熔体的热冲击和机械应力是不可避免的。因此，采取原始韧性优良的材料，并对其进行热处理和表面热处理是提高模具强度、减少热裂发生的基础。国内外已有专家和学者对于已经出现热裂纹的模具研究出了采用电磁热效应使模具裂纹尖端钝化的技术来延缓模具的失效，即用脉冲放电的方法先对裂纹尖端放电，使裂纹尖端膨大变圆，消除裂纹尖端处的应力集中效应，实现钝化止裂的目的。该方法将对现代工业技术的发展起到积极的推动作用，并已经在 Cr12 和 3Cr2W8V 等模具钢的裂纹尖端钝化上进行了成功实验，达到了止裂目的。

　　2. 塑性变形

　　塑性变形是液态模锻模具型腔、冲头和型芯最常见的失效形式。主要表现为型腔、冲头和型芯的坍塌，冲头和型芯的顶部圆角半径变大和倒角变为圆角，冲头和型芯的压塌、压堆、镦粗、拔长以及型腔的倒锥现象。

液态模锻模具是在高温和高应力条件下服役的模具，其工作表面与高温合金熔体直接接触或通过 0.1 ~ 0.3mm 厚的涂料层与合金熔体长时间接触，大量热量传到模面，即使经过强制冷却，模具工作表面的温度仍可高达 400℃以上，超过模具零部件最终淬火后的回火温度，使材料因为过度回火而软化，强度急剧降低。此时，成形压力易超过模具材料的屈服强度，出现塑性变形。如图 3-3 所示，圆柱形平冲头发生塑性变形，成为半圆头。

图 3-3　冲头端部圆角增大或出现圆头

此外，模具型腔表面在顶件过程中有时会发生塑性流变失效，其主要原因为制件与型腔表面摩擦造成的塑性流变损伤，模具型腔出现了倒锥现象。模具型腔倒锥现象的出现是在合模力和成形压力作用下，型腔内部材料出现塑性流动的后果。

压头和芯杆的端部镦粗失效原因主要是压力过大或温度过高。设计模具时应当进行热平衡计算和强度校核。经过简单的理论推导，可以得出，不发生端部镦粗的条件是芯杆或压头所受的应力小于材料在最高工作温度时的屈服应力 σ_s，即设备作用在横截面积为 A_i 的挤压杆或压头上的力 F_i 应满足下式要求：

$$F_j \leqslant \sigma_s A_j \qquad (3-1)$$

由此可见，为了防止端部镦粗，只能是提高材料在工作温度下的屈服应力，具体措施可以是强化冷却，降低芯杆工作温度，或者提高材料的红硬性。

3. 模具的侵蚀、冲刷和粘焊

模具侵蚀的主要表现形式为模具表面出现侵蚀凹坑或由侵蚀造成的与其他合金形成表面焊合；冲刷的主要表现形式为在被合金熔体冲刷的模具表面上形成犁沟。图 3-4 所示是铝合金在压力铸造成形过程中，铝合金对钢质模的侵蚀，实验证明模具的侵蚀和冲刷与模具材料成分、合金熔体成分以及充型速率有关。压头的粘焊也是液态模锻过程的非正常失效形式。其发生与否取决于工作压力、最高工作温度和保压时间，这些因素的临界值研究目前很不充分，需要针对具体情况实验确定。

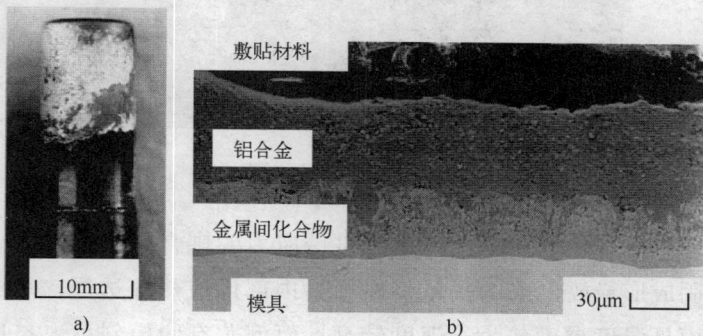

图 3-4　液锻模具表面侵蚀

a）侵蚀后型芯；b）型芯截面扫描电镜图

压室或模具底部的冲焊是金属型铸造的一大通病，特别是在高熔点合金液态模锻中，这一问题非常突出。其程度取决于浇注落差、浇注温度、模具材料、模具温度以及使用涂料的情况。其中最为有效的控制措施是使用保护涂料。

4. 模具的开裂和断裂

模具的开裂和断裂主要为宏观开裂和断裂，这种失效是在热应力和机械应力的交互作用或共同作用下产生的。机械应力是指成形压力、脱模力、抽芯力以及其他非预见性应力；非预见性应力有模具熔焊后的脱模力或抽芯力、制件脱模时运动不协调造成的附加力，以及其他特殊情况下出现的附加应力等。

在生产过程中，还发现模具出现了分层开裂现象，如图3 - 5所示。

图3 - 5　模具的层裂

模具层裂是由热穿透行为和机械应力的耦合作用造成的。制件凝固成形释放出来的热量将在模具内部形成热穿透层，热穿透层内模具温度梯度较大、温度较高；而型芯有脱模斜度，挤压成形时合金熔体在型芯和模具的间隙内易形成连皮，使型芯在运动过程中对模具产生附加应力，在以上因素作用下，模具出现层裂。经计算，模具的热穿透层深度约为40mm[1]。

综上所述，非固态近净形成形模具失效形式多种多样，这些失效形式是由模具自身的热行为和热 - 力耦合行为、模具/制件的热 - 力耦合作用以及模具/制件之间的物理、化学作用造成的。其中，模具热冲击和机械应力是造成模具热疲劳、热裂、开裂和断裂失效的主要原因，模具的温度场和模具/制件的热 - 力交互作用是造成塑性变形、塑性流变失效、磨损的主要原因，模具的侵蚀和冲刷主要是由于模具/制件的热 - 力交互作用和物理、化学作用共同引起的。

3.3　液态模锻模具设计的主要内容和一般流程

3.3.1　液态模锻模具设计的基本内容

液锻模具零件中，除赋形零件强烈地依赖于工件形状和尺寸外，其他零件可以通过标准零件库来选取。但是，目前的液态模锻模具标准件库还在建设中。所以，液锻模的设计任务比传统锻模要大很多。一个完整的液态模锻模具的设计内容至少包括以下八个方面：

（1）模具的结构原理设计。即用简易图表达液锻模具的总体结构、主要零件之间的相互关系、液锻工艺得以实现的方法等，一般都用浇注完毕、液锻期间和工件出模三种状态的图示来表达，也可以配合文字进行工作过程的说明。

（2）模腔设计。即对形成液锻件的模具空腔的形状、尺寸进行设计。其任务是得到能够获得满足要求锻件的模具空腔。

（3）卸料机构设计：即将工件从模腔内顶出或使工件与模腔分开的机构。其核心任务是选择卸料方案、设计卸料机构及其中的各个零件。其基本要求是工作迅速、稳定和可靠。

（4）加压机构设计：液锻模加压机构的任务是及时恰当地提供压力。加压机构设计即对加压机构的组成构件或零件的功能、形状、尺寸、材料进行设计和校核。其核心任务是使模具具有稳定、可靠的加压功能。

（5）导向与定位结构设计：模具的零件之间为了安装与维修方

便，通常都设有定位销、定位柱等。为了保证运动顺畅，有相对运动的零件之间通常还需要设置导向结构。因此，定位和导向结构的设计是液锻模设计中的一个重要内容，其主要任务是确定和设置导向与定位结构的位置、形式和数量。

（6）连接与固定机构设计：即设计必要的结构，将模具各个零件连接在一起，并将整个模具固定在液锻机上。

（7）安全与防护系统设计：即设计必要的措施进行模具工作和使用的安全防护，如：防喷溅、防熔焊等设计。

（8）模具调温系统设计：即设计必要的措施进行模具温度的调控，使模具工作期间的工作温度保持在一个适宜的范围，如防冷却道布局、冷却装置选择等的设计。

3.3.2　液态模锻模具设计的一般步骤

液态模锻模具设计的核心任务是模具结构形式和赋形零件的设计和选材。其设计的一般步骤如图 3 – 6 所示。

1. 液锻件毛坯设计

模具设计前，已经完成了液锻成形工艺方案的设计。液锻模设计的第一步就是根据拟成形零件的零件图、液态模锻工艺方案及液锻机技术特性，进行液锻件毛坯图设计。液锻件毛坯图设计的具体内容包括：工件结构工艺性分析，确定液锻件毛坯结构，设计加工余量，选择收缩率和脱模斜度等。毛坯设计的结果是模芯和模腔设计的重要依据。

2. 模具结构总体设计

液锻模具总体结构设计也就是模具的概要设计，其目标是确定模具的功能、结构和工作原理。主要设计的内容包括：确定模具的组成结构和动作程序；根据液态模锻机的型式，选择连接与固定方式及卸料方式；根据液锻件毛坯图纸，确定分模面和工件

开始

↓

液锻件设计、模具动作原理和总体结构设计

↓

主要模具参数的计算

↓

压室尺寸和结构设计

↓

模腔、浇道、排气、集渣槽等设计

↓

模体结构、形状、尺寸及技术要求设计

↓

卸料机构设计

↓

安装机构设计

↓

模具调温系统设计

↓

模具材料选择、关键零件的强度和刚度校核

↓

模具总装图设计

↓

非标零件图设计

↓

标准零件选型

↓

审核、批准、制造

修改方案

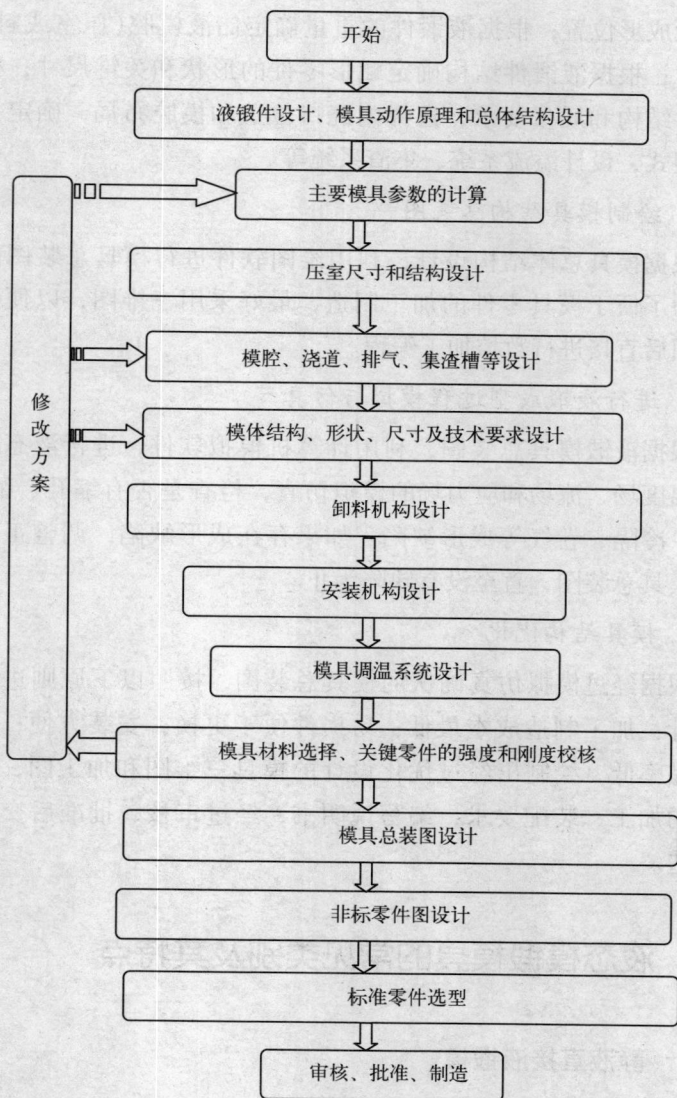

图 3 - 6　液锻模具设计的一般流程

的液锻成形位置；根据液锻件的重量确定储液模腔（压室或料腔）的尺寸；根据液锻件结构确定赋形零件的形状和关键尺寸；根据液锻件结构和质量要求，选择内浇口位置和模腔布局，确定排气系统型式，设计溢流系统、集渣系统等。

3. 绘制模具结构总装图

根据模具总体结构设计，利用绘图软件进行模具总装图的设计。为了便于模具零件的加工制造，最好采用三维图，以便拆出零件图后直接进行数控加工编程。

4. 进行液锻成型过程模拟与仿真

根据液锻模具总装图，利用计算机模拟软件，进行液态模锻过程温度场、流场和应力场的模拟仿真，检查是否有缩孔、缩松、热裂、冷隔、卷气等成形缺陷。如果存在成形缺陷，调整工艺方案和模具总装图，直至没有缺陷为止。

5. 模具结构优化

根据经过模拟仿真确认的模具总装图，按照以下原则进行优化设计：加工制造成本最低；易损件便于更换；安装方便；液锻件废品率低。绘制出经过优化设计的模具三维图和加工图，标注必要的加工、装配要求，编写说明书，经过审核、批准后交付加工制造。

3.3 液态模锻模具的常见类别及其特点

3.3.1 静液直接液锻模

静液直接液锻模适用于静液直接液锻，是液锻模中最简单的一种，如图 3 - 7 所示。其基本结构包括压头 1（也称凸模），凹模 2，顶杆 3，连接板 4、5，金属液 6 和有关附属机构。其工作原理是通过连接板 4、5 分别与液锻机工作台和活动横梁连接牢固。在模具打开状态下，将金属液 6 浇入凹模 2 内，凸模 1 下行进入凹模 2 内，将模腔封闭。与金属液 6 接触后，增压至设定压力，保压，直至金属液完全凝固后，压头 1 回程复位，顶杆 3 将工件顶出凹模 2。

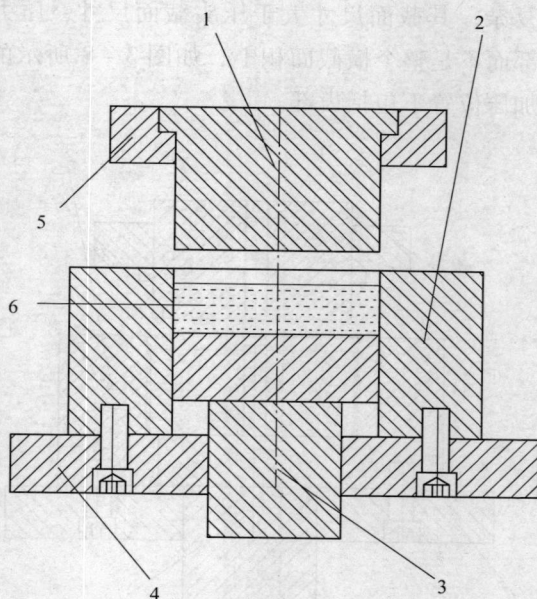

图 3 - 7　静液直接液锻模示意图

1—压头（也称凸模）；2—凹模；3—顶杆；4、5—连接板；6—金属液

静液直接液锻模的特点是：①金属液的充型在常压下完成，而其凝固和补缩在高压下进行；②为防止出现压头被抱死或严重披缝，压头接触金属液后的压缩行程内，凹模腔没有斜度；③凹模腔的容积大于金属液的容积，即必须留出凸模进入凹模使模腔密封的导向段；④工件沿加压方向的尺寸受浇注波动量影响较大。

静液直接液锻模设计的关键点包括：凹凸模间隙设计、凹凸模的刚度设计、排气集渣结构设计和溢流槽设计。

3.3.2　局部直接液锻模

　　局部加压直接液锻模与静液直接液锻模都属于直接加压液锻模，两者的区别在于凹模模腔与尺寸方面。局部加压直接液锻模的模腔比较复杂，其截面尺寸大于压头截面尺寸，压力直接作用在工件的局部而不是整个横截面积上，如图3－8所示的一个带轴孔的齿轮，加压位置不包括齿部。

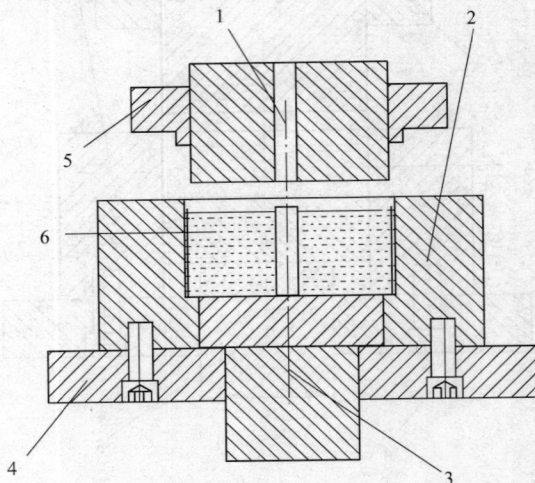

图 3 – 8　局部加压直接液锻模

1—压头(也称凸模)；2—凹模；3—顶杆；4、5—连接板；6—金属液

　　局部加压直接液锻模的基本结构与静液直接液锻模相同，也包括压头(也称凸模)1，凹模2(包括垂直分模的几个半模)，顶杆3，连接板4、5，金属液6和有关附属机构。这里，为了能将工件取出，一般来说凹模不再是整模，而是需要分模的。

　　局部加压直接液锻模的工作原理是通过连接板4、5与液锻机工作台和活动横梁连接牢固。在凸模1与凹模2分开、凹模闭合的状态下，将金属液 6 浇入凹模 2 内，凸模 1 下行进入凹模 2 内，将模腔封闭。与金属液 6 接触后，增压至设定压力，保压，直至金属液完全凝固后，压头 1 回程复位，凹模 2 分开，顶杆 3 将工件顶出凹模 2。

局部加压直接液锻模的特点是：①凸模加压的部位既是工件的一部分，也可以是工件之外的附加部分（如补缩冒口），同时兼有集渣、排气的功能；②金属液的充型在常压下完成，而其凝固和补缩在高压下进行；③为防止出现压头被抱死或严重披缝，压头接触金属液后的压缩行程内，凹模腔没有斜度；④凹模腔的容积大于金属液的容积，即必须留出凸模进入凹模使模腔密封的导向段，这个导向段一般为圆柱体；⑤工件沿加压方向一般都会有一个截面与压头相同的工艺余料，其厚度在 3 ~ 10mm 范围。

局部直接液锻模设计的关键点包括：凹凸模间隙设计、凹凸模的刚度设计、加压位置的设计。

3.3.3　异向加压间接液锻模

异向加压间接液锻模是指用于异向加压间接液锻成形的模具，这种模具适用于一模多腔的小件液锻成形。它与直接液锻不同的是，必须有压室（也称为料腔），如图 3 - 9 所示。其中央有个圆柱形压室，用来盛放金属液 6。

异向加压间接液锻模一般均为分体模，其基本结构包括上模（或动模）1 和 2，下模（或定模）3、连接板 2 和 4，压头 5，金属液 6 及有关附属机构。如果仅靠压头不能将工件顶出，还通常在模腔下方设置顶杆来顶出工件。

异向加压间接液锻模的工作原理是通过连接板 2、4 与液锻机工作台和活动横梁连接牢固。在动模 1 与定模 3 分开的状态下，将金属液 6 浇入位于定模内的压室内，动模 2 下行与定模 3 接触并闭合，将模腔封闭。压头 5 运动与金属液 6 接触后，推动金属液充满模腔 7 内，随后增压至设定压力，保压，直至金属液完全凝固后，压头 5 回程复位，动模 1 回程开模，压头或顶杆 5 将工件顶出定模 3。在这个过程中，压头施加的压力是垂直向上的，而作用在工件上的压力方向则是水平的。

异向加压间接液锻模的特点是：①必须有压室或料腔，金属液不浇入模腔，而是浇入压室或料腔内，通过压头推动料腔内的金属液充满模腔；②间接加压——压头的压力不能直接作用在工件上，而是作用在压室内的金属上，通过浇道传递给工件；③料腔内的金属液不能完全挤入模腔，总会留下料饼，工艺出品率较低；④通常是一模多腔，对称布置；④工件的尺寸精度较高。

异向加压间接液锻模设计的关键点和难点包括：压头压室间隙设计，浇道位置形状及其尺寸设计，排气、溢流和集渣包设计。

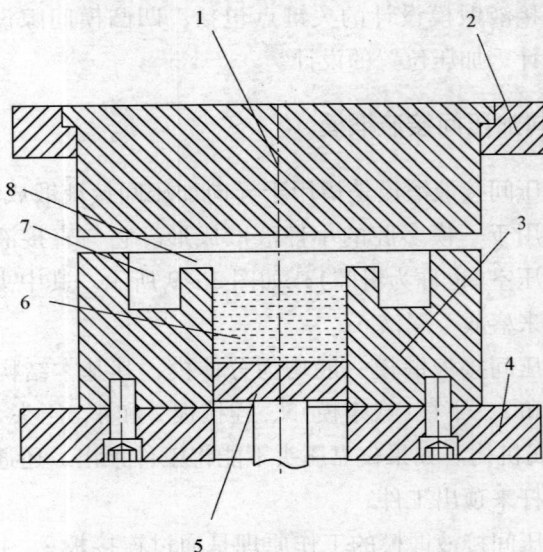

图 3-9 异向加压间接液锻模

1—压头(也称凸模)；2、4—连接板；3—凹模，
5—顶杆；6—金属液；7—模腔；8—流道

3.3.4 同向加压间接液锻模

同向加压间接液锻模是指用于同向加压间接液锻成形的模具，这种模具适用于一模单腔的大件液锻成形。它与直接液锻不同的是它有压室（也称为料腔），如图 3 - 10 所示。

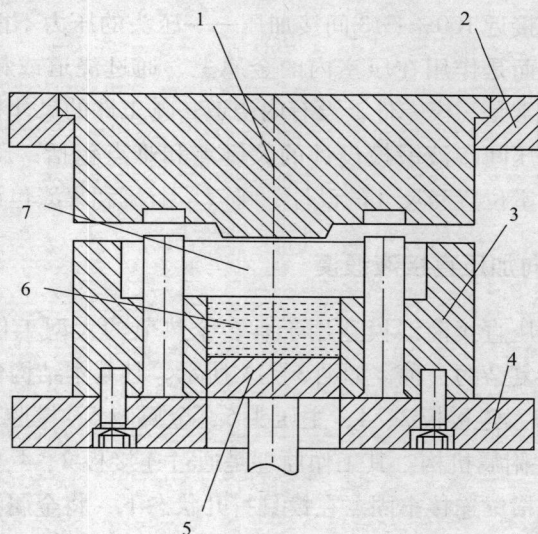

图 3 - 10 同向加压间接液锻模
1—上模（也称动模）；2、4—连接板；3—下模（也称定模）；
5—压头；6—金属液；7—模腔

同向加压间接液锻模一般均为分体模，其基本结构包括上模（或动模）1，下模（或定模）3，连接板 2、4，压头 5，金属液 6，模腔 7 和有关附属机构。

同向加压间接液锻模的工作原理是通过连接板 2、4 与液锻机工作台和活动横梁连接牢固。在动模 1 与定模 3 分开的状态下，将金属液 6 浇入位于工件模腔下方的压室内，动模 1 下行与定模 3 接触并闭合，将模腔 7 封闭。压头 5 向上运动与金属液 6 接触后，推动金属液 6 充满模腔 7，随后增压至设定压力，保压，直至金属液完全凝固后，动模回程开模，压头 5 继续上行将工件顶出定模 3。

同向加压间接液锻模的特点是：①必须有压室或料腔，压室或料腔位于工件模腔下方，采用下加压方式将金属液挤入模腔并补缩成形；②料腔内的金属液可以完全挤入模腔，不会留下料饼，工艺出品率接近 100%；③间接加压——压头的压力不能直接作用在工件上，而是作用在压室内的金属上，通过浇道或料饼传递给工件；④通常是一模一件，没有内浇道；④工件的尺寸精度较高。

同向加压间接液锻模设计的关键点和难点包括：压头压室间隙设计，压室位置和尺寸的设计，排气、溢流和集渣包设计。

3.3.5　多向加压直接液锻模

多向加压直接液锻模适用于有多个热节的大型工件成形，是液锻模中最复杂的一种，如图 3 - 11 所示。其基本结构包括上模体 1，下模体 3，连接板 2、4，主压头 5，金属液 6，模腔 7，副压头 8、9 和有关附属机构。其工作原理是通过连接板 2、4 与液锻机工作台和活动横梁连接牢固。在模具打开状态下，将金属液 6 浇入压室内，将模腔 7 封闭后，多个压头 5、8、9 同时或顺序加压，保压，直至金属液 6 完全凝固后，各个压头回程复位，将工件顶出下模 3。

多向加压直接液锻模的特点是：金属液的充型在常压或低压下完成，而其凝固和补缩期间由多个压头进行局部加压，以实现多个热节位置的补缩。

多向加压直接液锻模设计的关键点包括：压头数量与位置的设定，加压位置之间的协调，压头的刚度设计、排气集渣结构设计和溢流槽设计等。

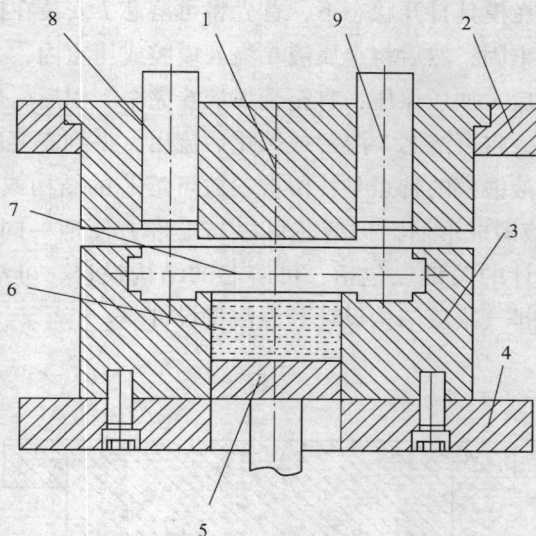

图 3 – 11　多向加压直接液锻模

1—上模体；2、4—连接板；3—下模体；5—主压头；
6—金属液；7—模腔；8、9—副压头

3.3.6　可溶芯液锻模

可溶芯液锻模是指具有复杂内腔工件液锻成形的液锻模，其型芯无法采用抽拉方式取出，必须采用溶解或熔化的方式流出。其基本结构包括上模体 1，下模体 3，连接板 2、4，压头 5，金属液 6，可熔芯 7 和有关附属机构。如图 3 – 12 所示的模具，工件是一个圆盘形，其盘上带有一圈水冷通道，开有进水口和出水口各一个。这时，为了形成冷却水道，必须使用型芯。但是，这种型芯在工件成形后无法抽出，只能使其溶解或熔化后从进水口或出水口流出。这种模具也是液锻模中比较复杂的一种。

可溶芯液锻模基本组成方面，主要是增加了可溶芯及其固定结构。其工作原理是通过连接板 2、4 与液锻机工作台和活动横梁连接牢固。在模具打开状态下，首先将可溶芯 7 安装在模腔的恰当位置，固定牢固，然后将金属液 6 浇入模腔或压室内，上模 1 下行将模腔封闭后，加压保压，直至金属液 6 完全凝固后，压头 5 将工件顶出模腔，将可溶芯 7 溶解或熔化后流出，得到需要的工件。

　　可溶芯液锻模的特点是：留有安放可溶芯的结构或机构（称为芯座），在液锻成形后，可溶芯可以与工件方便地一同取出模腔。这种模具设计的关键点包括：可溶芯的结构设计、可溶芯安装结构的设计、排气集渣结构设计和溢流槽设计等。

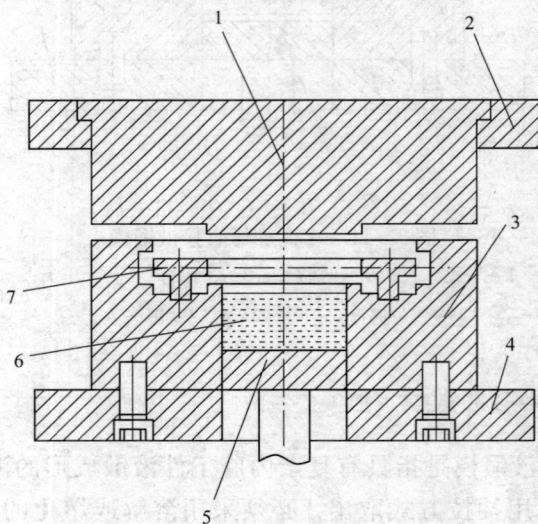

图 3 – 12　可溶芯液锻模示意图

1—上模体；2、4—连接板；3—下模体；5—压头；6—金属液；7—可熔芯

3.4　液态模锻模具设计的基本规范

3.4.1　凹模和凸模的设计规范

　　凹模和凸模是液锻模具中的两个基本零件。凸模是用来施加

压力的部分，同时它也用来形成工件上表面的模腔。凸模设计的基本内容是合理选材并提出技术要求，确定其加压面的形状尺寸、工作部的厚度，并设计恰当的排气、集渣结构。凹模的内腔储存金属熔体并赋予工件的下部外形，也是与凸模有配合关系的零件。其设计的主要内容包括：合理选材并提出技术要求，设计模腔面形状和尺寸，设计与凸模时配合关系等。

目前已经形成的凸模和凹模设计的基本规范主要有以下几点：

1. 形状设计规范

截面形状规则简单。即尽量选用规则横截面的凸模，如圆形、矩形，一般不采用椭圆形、多边形或复杂曲线的横截面，以便于确保凸模与凹模的周边配合均匀一致。

2. 导向尺寸设计规范

为了确保凹模和凸模同轴，凹模上沿必须留出一定长度的导向段。导向段长度一般取 15~30mm。模腔深度大，取大值。凸模周长越长，导向段长度取值也越大。导向段过短，容易出现喷溅；导向段过长，摩擦力较大，容易导致有效液锻力减小。

3. 运动间隙设计规范

为了确保凹凸模在服役条件下运动自如，要求始终存在运动间隙。即要求在工作温度范围内，凹凸模之间始终存在恰当的配合间隙，这是确保凹模和凸模运动自如、有效液锻力与名义液锻力接近的关键措施。

凹模/凸模运动副的配合间隙在模具设计中受到了普遍的重视，有关专著和手册中也提供了推荐数据。然而，这些数据对模具服役过程热－力作用下配合间隙的变化并没有给予充分考虑，导致据此设计的运动副间隙在实际中因热力作用而变化，出现动作异常、甚至抱死或卡死现象。北京交通大学邢书明等[1]根据凸模和凹模在服役条件下的热膨胀和弹性变形规律，对热力综合作用下凸模/凹模运动副的间隙变化规律进行了理论分析和计算，导出了服役条件下凸模/凹模间隙的变化量：

$$\Delta\delta = \Delta\delta_t + \Delta\delta_d = \alpha r_0(\beta\Delta T_2 - \Delta T_1) + \frac{\pi r_0\beta - 2(R - r_0)\mu h}{2\pi r_0(R - r_0)} \cdot \frac{F}{E}$$

$$(3 - 2)$$

若 $\Delta\delta > 0$，则说明挤压力（液锻力）和热的作用使凸模/凹模之间的配合间隙比设计间隙大，即可能出现披缝；相反，若 $\Delta\delta < 0$，则说明压头/压室之间出现了过盈配合，即可能出现抱死或摩擦力显著增大的现象；若 $\Delta\delta = 0$，说明压头/压室的配合关系并没有因为液锻力和热的作用而发生变化。因此，综合参数 $\Delta\delta$ 的数值和符号就表达了液锻力和热的作用对压头/压室配合关系的干扰程度，不妨称其为配合关系的热力干扰量，其量纲与 r_0 一致。

无论间隙增大还是间隙减小，都是不希望发生的，$\Delta\delta = 0$ 才是我们期望的。因此根据 $\Delta\delta = 0$，可以得到凸模/凹模配合关系保持不变的条件：

$$\alpha r_0(\beta\Delta T_2 - \Delta T_1) = \frac{2(R - r_0)\mu h - \pi r_0\beta}{2\pi r_0(R - r_0)} \cdot \frac{F}{E} \quad (3 - 3)$$

即：

$$\frac{F}{\beta\Delta T_2 - \Delta T_1} = K \quad (3 - 4)$$

此式称为间隙不变条件，也就是运动副间隙设计的定量规范。式中，K 是一个由运动副结构、尺寸和材料特性决定的量，称为热力协调量，其量纲为 N/℃，其表达式为：

$$K = \frac{2\pi r_0^2(R - r_0)\alpha E}{2(R - r_0)\mu h - \pi r_0\beta} \quad (3 - 5)$$

热力协调量 K 值表示为保持配合间隙不变，压室与压头间单位温升差允许的载荷增加量。K 值越大，说明该运动副能承受越大的液锻力而不至于破坏运动副的配合关系。上述各参数的物理意义如表 3 - 1 所示。

表 3 -1　凹凸模间隙设计规范中各参数的意义一览表

参数	物理意义	参数	物理意义
R	凹模(压室)的外半径	α	凸模和凹模材料的线胀系数
r_0	凸模(压头)半径	F	液锻力
h	凸模(压头)高度	β	凹模的约束系数:完全没有约束时取1, 刚性约束(如压装)时取0
E	弹性模量	ΔT_2	凹模(如压室)的最大温升
μ	泊松比	ΔT_1	凸模(如压头)的最大温升

根据设计规范式(3 -4)可知:模具运动副的配合关系受热和力两方面的综合影响,在工艺参数控制得当时,可以保持设计的配合关系不变;当凹模为刚性约束时,设计的压头 - 压室配合关系在液锻过程必然遭到破坏,变为过盈配合,甚至出现抱死现象;热力协调量 K 的大小反映了凸模/凹模配合关系对液锻工艺适应性的强弱。K 值越大,越适于高比压液锻;减小压头温升或弱化压室约束,是确保压头/压室配合关系不被破坏的重要方法。

4. 选材规范

材料强度与液锻比压相适应。这一规范是为了确保在工作过程中模具不会在液锻力作用下发生明显的流变。要求凸模和凹模材料在最高工作温度时的流变抗力大于液锻比压,表示为:

$$\tau_{mc} \geqslant p \qquad\qquad (3 -6)$$

此外,凸模和凹模的选材一般都选为同一材质。但压室的硬度要高于压头的硬度 2 ~ 3HRC,以提高压室寿命。

5. 凸模和凹模的结构要素

凸模的结构要素与压铸模中的凸模没有明显区别,一般都是五段式结构,如图 3 -13 所示,即自上而下包括台肩 1、退刀槽 2、安装段 3、导向段 4 和工作段 5。其中,台肩的厚度不比压铸模大,一般不小于 15mm，不大于 20mm；退刀槽宽度一般在 3～5mm 范围内选取；导向段的长度一般在 15～30mm 范围内。凹模的结构与此类似。

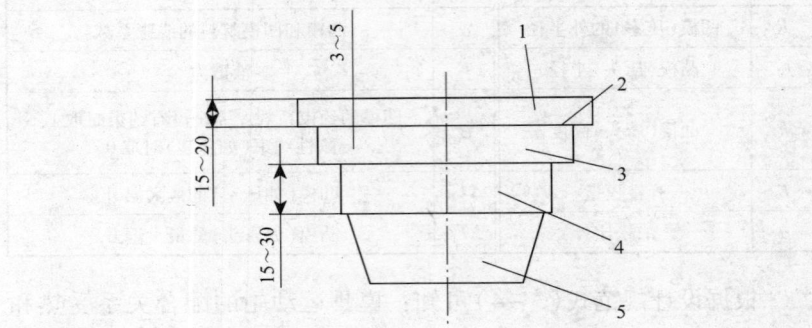

图 3－13　液锻凸模的一般结构

1—台肩；2—退刀槽；3—安装段；4—导向段；5—工作段

6. 凹凸模的安装型式

液态模锻中，凹凸模的安装一般都采用台肩－压板结构安装与固定，通常安装在动模或定模上，也可以安装在液锻机的油缸活塞杆上。如图 3－14 所示，其安装结构包括压板 1、螺钉 2、托

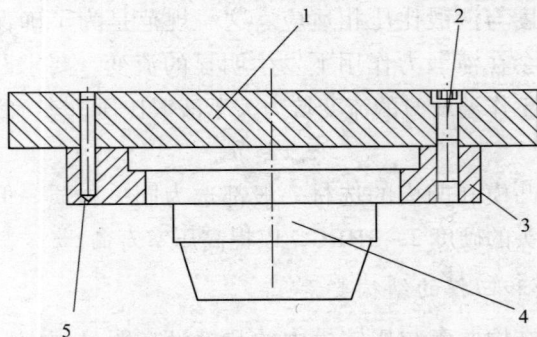

图 3－14　凸模的"台肩－压盘式"安装结构

1—压板；2—螺钉；3—托板；4—凸模；5—定位销

板3、凸模4、定位销5。台肩通过压板1和托板3压紧，其导向段用来引导其进入凹模并形成配合，防止金属液反向喷出。

3.4.2　型芯和镶块的设计规范

型芯是为了形成工件的孔腔而使用的零件，一般在工件出模前取出。不能取出时，就需要使用可溶芯或可熔芯。镶块的作用主要是形成零件的局部外形，并随着工件一起出模后再与工件分离的零件。它们的设计内容主要是选材与技术要求的设计、形状尺寸的设计、安装与固定结构的设计、抽拉动作及实现方案的设计等。液锻模的型芯和镶块设计规范还不够完善，目前已经形成的基本规范主要有以下几点：

1. 极限截面规范

受力学和传热的控制，液锻型芯存在一个最小横截面。当型芯横截面小到一定尺度时，周围高温金属对其的加热作用会使其工作温度超过了材料的许用工作温度，无法承受抽芯力而导致拉断或严重变形。

设型芯材料的许用温度为 T_{max}，该温度时材料的屈服强度为 σ_{ST_m}，型芯所需承受的最大抽芯力为 F，则根据抽芯力小于型芯材料变形抗力的原则，可以导出型芯截面的设计规范：

$$A_c \geqslant \frac{F}{\sigma_{ST_m}} = \frac{SLp(k\cos\alpha - \sin\alpha)}{\sigma_{ST_m}} \qquad (3-7)$$

式中，A_c 是型芯的许用截面面积（mm^2）；S 是型芯被抱紧部分的断面周长（mm）；L 是型芯被抱紧部分的长度（mm）；p 是液锻件对型芯的抱紧力产生的压强（MPa），一般取 $10 \sim 20MPa$；k 是液锻件与型芯间的摩擦系数，铝合金、锌合金一般取 $0.2 \sim 0.25$，铜合金取 0.35，钢取 $0.35 \sim 0.40$；α 是型芯的脱模斜度。

由于抽芯力与型芯的周长和被工件包裹部分的长度（称为工作长度）成正比。所以，给定材料型芯的最小截面与型芯的工作长度有关，工作长度越长，型芯许用截面也就越大。

2. 安装与定位规范

一般来说，型芯都是寿命较短的零件。因此，便于更换是其设计的基本要求。其安装和固定结构形式就直接决定了其更换是否方便。推荐使用的型芯安装与固定结构如表 3 - 2 所示。

表 3 - 2　型芯固定与安装结构一览表

序号	安装和固定结构类别	优点	适用场合
1	螺纹—螺孔	更换方便	较小的规则型芯
2	台肩—压板	定位准确、牢固	较大的型芯
3	卡槽	安装简便	用于可溶芯

3. 选材规范

型芯材料有两大类，一类是可以反复使用的型芯，称为永久芯；另一类是一次性使用的型芯，称为可溶芯。一般来说，优先选用永久芯。确实无法通过抽芯或脱模动作实现芯、件分离型芯，必须使用可溶芯，可溶芯的具体配比很多，但主要是可熔盐芯和可熔金属芯两大类。

根据液锻金属的种类不同，永久性的材料也就不同，一般可参照表 3 - 3 选择型芯材料。

表 3 - 3　永久型芯的材料选择推荐表

液锻金属	型芯材料	硬度要求	备注
铝合金、镁合金	3Cr2W8V H13(4Cr5MoSiV1)	44 ~ 48HRC	
铜合金	3Cr2W8V 4Cr5MoSiV1	42 ~ 46HRC	
钢	H13 2W23Cr4 MoV 3Cr2W8V	41 ~ 45HRC	配合专用涂料使用
球铁	H13 3Cr2W8V	43 ~ 47HRC	配合专用涂料使用

3.4.3　压室设计规范

压室是在间接液锻中必不可少的零件，压室用来储存金属熔体。压室的尺寸设计主要包括：内径设计、壁厚设计以及导向段设计。它的设计规范基本成熟，归纳起来主要有以下几点：

1. 尺寸设计规范——高径比接近于 1

压室的内径设计原则是开始加压前凝固壳最薄。如果开始加压前，凝固壳过厚，随后加压充填和补缩时，需要的液锻力更大，料饼也更厚。基于这一原则，压室应当确保浇入的金属液的等效厚度最大，即金属液体积与在压室内的散热面积之比最大。其中，压室的内径受压头承载能力的限制不能太小，受安装尺寸以及设备吨位的限制也不能过大，一般在 60 ~ 200mm 之间；此外，压室的储液高度也有一个合理范围，一般来说最小高度不能小于30mm，最大高度不大于 300mm。在此范围内，高径比取 1 左右，等效厚度是最大的。因此，压室储液段尺寸的设计原则是高径比接近于 1。

实际上，压室还需要有导向段和一个自由高度。导向段的长度一般取 15 ~ 30mm，而自由高度一般取 10 ~ 20mm 即可，于是压室的总高度的设计准则是：

$$H = D + 40 ~ 50mm \qquad (3 - 8)$$

2. 安装结构设计规范——径向尽量零约束

压室的安装结构优先使用台肩压板结构。考虑到在服役条件下，压室直径有增大的趋势，如果其外壁受到刚性约束，则无法径向扩大来适应压头直径的膨胀，出现卡死现象。因此，压室结构设计中，应努力使其外壁为自由表面，而不是采用紧配合压装。

此外，压室为寿命较短的零件，其安装结构要便于更换。

3. 调温措施

为了控制压室的工作温度，一般都需要设计调温措施。最好的压室调温措施是使用模温机。也可以采用电热管与冷却水管间隔布置在压室外壁，对压室实现必要的加热或冷却。北京交通大学邢书明教授发明的相变调温模具[2]，将压室壁设为空腔，其内充填低熔点金属，通过该金属的凝固和熔化来放热和吸热，以确保模具工作在该金属熔点温度附近。这种调温措施主要用于大型压室。

3.4.4 定位导向机构的设计规范

定位导向机构是为了保证模具中的运动零件能够按要求运动和定位的一系列零件。例如，为了保证凸模能够正确进入凹模进行加压成形，就需要有开合模导柱、导套、导正销或导板，以引导赋形零件正确运动，并保持其正确的位置。

其中，导柱–导套的组合主要用于凸模和凹模之间的正确定位，确保凹凸模间隙均匀。而导正销–导套的组合则主要用于组合式凹模，以确保组合式凹模在开合模过程中的正确位置。

定位导向机构的设计规范在模具设计中已经成熟，可以参照压铸模和普通模锻模设计规范进行。归纳起来，主要的设计规范如下：

（1）类型选择：导柱–导套是导向机构的首选形式；子口定位是同轴圆形零件间的首选定位方式；非对称零件间的定位方式首选定位销定位。

（2）定位结构的尺寸：定位子口的高度一般取 5 ~ 10mm；定位销长度一般在 15 ~ 20mm；导柱–导套的套接长度随直径的增大在 16 ~ 50mm 之间选择。导柱和导正销的静配合段的直径应与导套外径相等，以利于加工并保证同轴度。导柱长度与凸模长度要协调——在凸模进入凹模前，导柱应已经进入导套内。

（3）布置：导向零件应合理分布在模具的四周或靠边缘部位，其外边缘距模具外缘的距离不小于 15mm。为便于操作，导柱一般设计在动模（或上模）上。

（4）导柱的结构类型选择：液锻模具的导柱优先选用阶梯型导柱。铝合金液锻模的导柱选用带油槽的阶梯导柱，而钢铁材料液锻模的导柱选用直通式无油槽导柱。

（5）选材：一般选择耐热性、耐磨性良好的材料，如碳素工具钢或合金工具钢。

3.4.5　开合模结构设计规范

模具的开合模结构包括传动部分、导向部分、定位部分和锁模部分。根据开合模机构特点，可以将开合模机构分为气缸、油缸和齿轮 - 齿条、斜销、斜键、导板、导滑块等机械式开合模机构。一般来说，在液锻机的液压站允许的情况下，尽量采用油缸开合模；在液压站不允许的情况下，选用机械式开合模；开模力小、精度不高时选用气缸开合模。

斜销和斜键式开合模机构，如图 3 - 15 所示[4]。斜销式开模机构主要用于批量不大、开模距离较小的垂直分模液锻件生产。这时的分模面主要是垂直分模面，它是靠可分凹模沿斜销的运动达到开模的目的。所以，斜销的强度要求较高。当开模力较大时，则用斜键或燕尾槽代替斜销，如图 3 - 16 所示。

当存在多于一个的开合模动作时，可以采用弯销开合模结构。弯销由一段直销和斜销组成。在凹模沿直销段运动时，可以实现凸模的抽芯或上下模之间的分模。当凹模运动到斜销段时，开始进行凹模的左右分模。如图 3 - 17 所示。

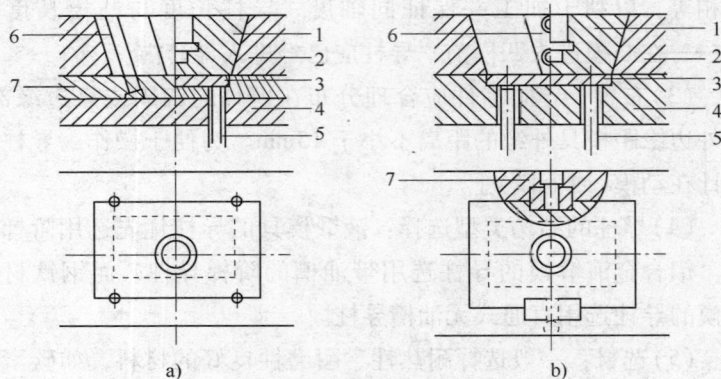

图 3 – 15　斜销和斜键式开合模机构

a) 斜销式；b) 斜键式

1—可分凹模；2—模套；3—垫板；4—下模板；5—顶杆；6—斜销或斜键

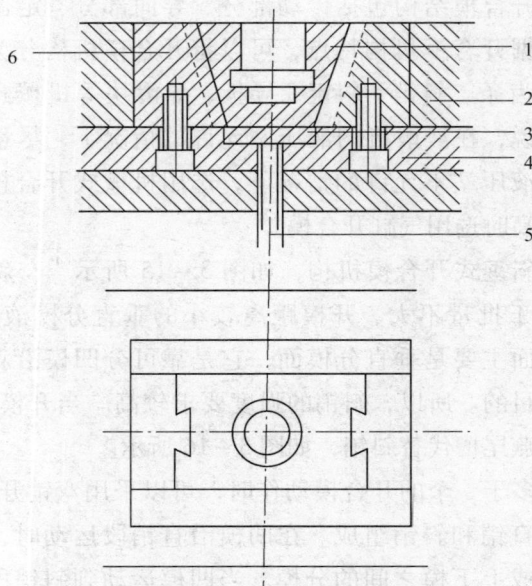

图 3 – 16　燕尾式开合模结构

1—可分凹模；2—模套；3—垫板；4—下模板；5—顶杆；6—燕尾槽

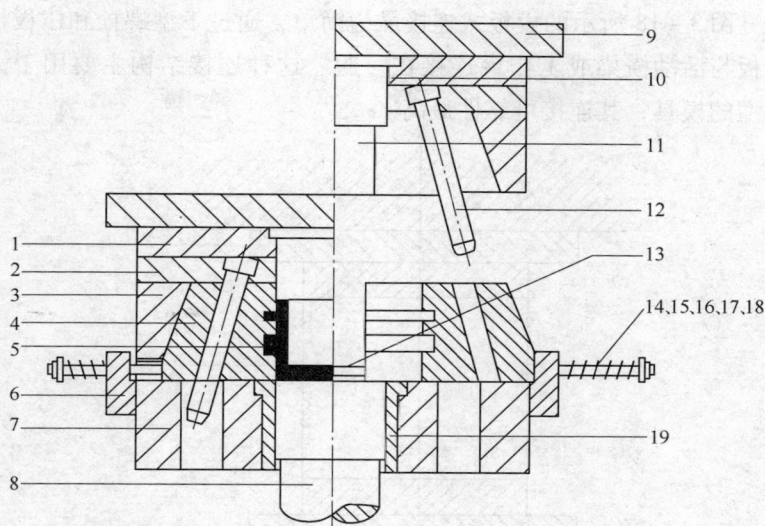

图 3 – 17　弯销 – 导板式开合模机构

1—弯销压板；2—弯销固定板；3—锁模套；4—可分凹模；5—液锻件；

6—定位板；7—下模板；8—压头、顶杆；9—上模板；10—凸模压板；

11—凸模；12—弯销；13—导板；14、15、16、17、18—定位部件；19—压套

　　开合模结构形式的选择中，需要根据产品批量、液锻机的功能和工件的特点来综合考虑。一般来说，应优先选择气缸和油缸进行开合模。在不能使用油缸和气缸开合模时，才选用其他机械式开合模结构。在机械式开合模结构中，由多个零件组成的赋形零件(如凹模)，也可以是上述形式的组合。

3.4.6　连接与固定机构设计规范[4,5]

　　连接机构主要用来将模具的不同零件进行有效连接和固定以及将模具与液态模锻机进行连接固定。模具零件间常见的连接方式有螺钉连接、螺栓连接和压板连接；模具与液态模锻机之间的连接方式有模板式连接、模板 – 模柄式连接、模板压柱式连接等。

　　图 3 – 18 所示的模板式连接最为简单，通过 T 型螺栓和压板将模板与活动横梁或工作台连接在一起。这种连接结构主要用于大中型的模具，其连接可靠性最高。

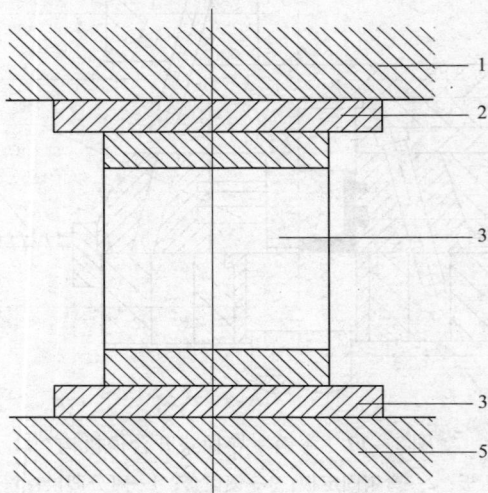

图 3 – 18　模板式连接示意图

1—活动横梁；2—上模板；3—模具本体；4—下模板；5—工作台

　　图 3 – 19 所示的模板 – 模柄式连接形式主要用于中小型模具，特别是需要拉杆式卸料的情况下，采用这种连接。这里的卸料拉杆的固定板沿着模柄 3 做上下运动，当运动距离达到拉杆自由行程时，拉杆将拉动卸料板将工件顶出下模。所以，这里的模柄不仅是连接上模与模板的零件，还是拉杆固定板运动的导柱。

　　如图 3 – 20 所示的模板 – 压柱式连接与模板 – 模柄式连接类似，但是这种连接结构用于上卸料脱模的情况，即顶杆安装在卸料机构 4 上，随着上模在压柱带动下上行，卸料机构下端的顶杆将工件从上模内顶出。这种连接机构主要用于大型模具，且需要采用拉杆式卸料的情况。

　　所以，连接形式的选择要考虑以下因素：

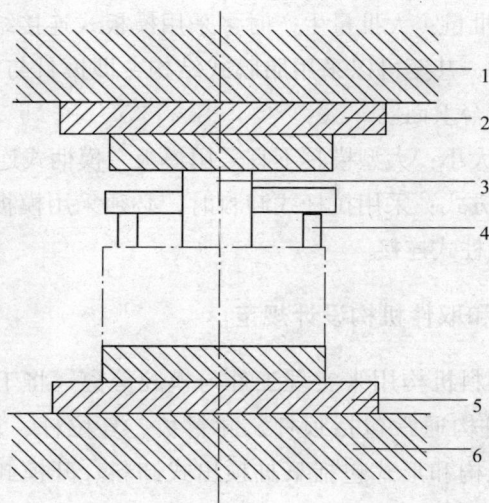

图 3-19 模板-模柄式连接示意图
1—活动横梁；2—上模板；3—模柄；4—卸料机构；5—下模板；6—工作台

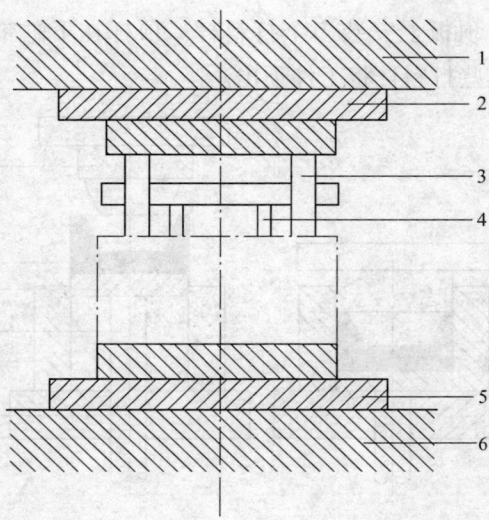

图 3-20 模板-压柱式连接示意图
1—活动横梁；2—上模板；3—压柱；4—卸料机构；5—模具本体；6—下模板

（1）生产批量：大批量生产时多采用模板式连接结构，如果是单件小批生产，甚至可以采用胎膜式结构，即模具与压机不连接，只是放在工作台上而已。

（2）模具大小：大型模具不宜采用模板－模柄式连接。

（3）卸料方式：采用拉杆式卸料时，必须采用模板－模柄式连接或模板－压柱式连接。

3.4.7　卸料和取件机构设计规范

模具的卸料机构用来实现工件与模腔分离，将工件从模具中取出。卸料机构通常包括顶杆、卸料板、复位杆、复位弹簧等。常用的卸料机构和形式包括下缸顶出式卸料、开模卸料和顶杆式卸料三种形式。

如图 3 - 21 所示的下缸顶出式卸料机构最为常见，它主要包括顶杆、顶板两部分。顶杆与下缸活塞杆连接，顶板直接与工件接触，也可以在顶板上安装多个打料杆。顶杆在下缸带动下，推动顶板，通过这些打料杆将工件顶出。

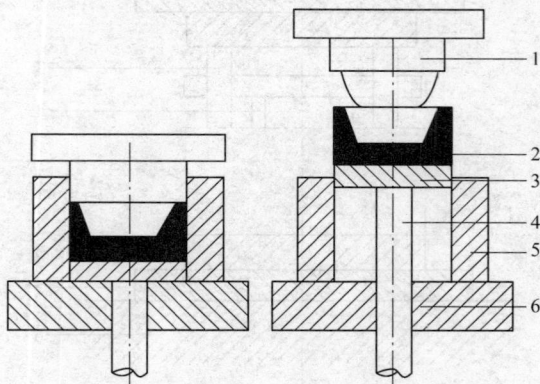

图 3 - 21　下缸顶出式卸料
1—凸模；2—工件；3—顶板；4—顶杆；5—凹模；6—下模板

图 3 - 22、图 3 - 23 所示的开模卸料方式主要用于开模时工件留在上模内、不能实现下缸卸料的场合。其卸料原理是，在开模过程中，上模向上运动的同时，由安装在不随上模运动的卸料机构通过相对运动将工件向下顶出卸料。具体实现方法可以是拉杆卸料和顶杆卸料两种。拉杆卸料机构如图 3 - 22 所示，包括拉杆 8、顶杆 4、顶杆压板 2 和顶杆固定板 3，打料杆固定在不随上模运动的顶杆压板上，当模柄 1 带动上模向上运动时，工件被固定在打料固定板上的顶杆 4 顶出模腔，当上升到拉杆限定的长度时停止。显然，开模卸料方式的模具结构比较复杂，浇注时顶杆有可能影响浇注操作。这种卸料模式仅适用于下缸挤压的情况。

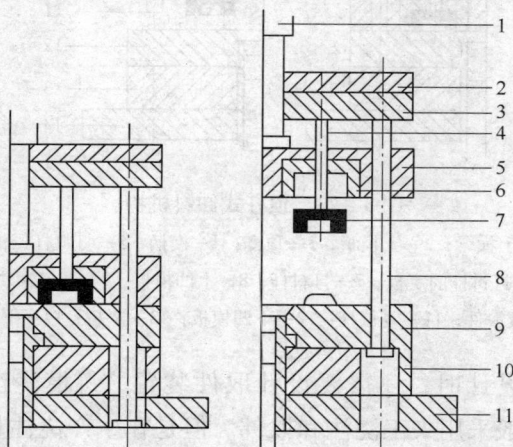

图 3 - 22　拉杆式卸料机构

1—模柄；2—顶杆压板；3—顶杆固定板；4—顶杆；5—上模套；6—上模芯；

7—工件；8—拉杆；9—下模体；10—下模支撑；11—下模板

顶杆式卸料机构如图 3 - 23 所示，它与拉杆卸料类似，由顶杆 3、打料杆压板 5、打料杆固定板 6、打料杆 7、复位杆 11 等组成。卸料时，活动横梁 1 带动上模向上运动一定距离后，固定在上模上方的打料杆压板 5 与安装在上横梁上的顶杆 3 接触，活动横梁继续上行，顶杆 3 推动打料板与模柄 4 相对运动，通过安装在打料杆固定板上的打料杆 7 将工件 10 向下顶出上模模腔。合模时通过复位杆推动打料固定板复位。它的卸料机构全部在上模部分，因此，便于浇注。

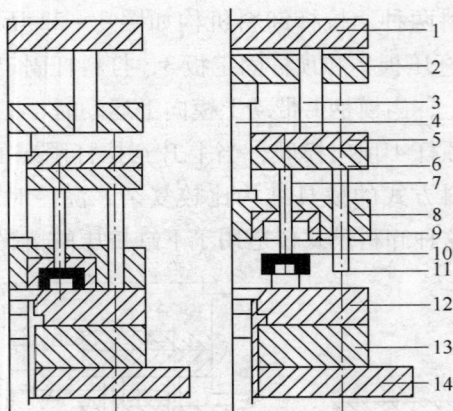

图 3 - 23　顶杆式卸料机构

1—上横梁；2—上模板；3—顶杆；4—模柄；5—打料杆压板；
6—打料杆固定板；7—打料杆；8—上凹模板；9—凹模镶块；
10—液锻件；11—复位杆；12—下凹模板；13—垫板；14—下模板

在模具设计时，还需要设计取件装置。每模浇注重量小于 20kg 时，一般采用人工浇注和取件。但是在生产浇注量大于 20kg 的大型工件时，还需要配置取件机械。取件机械的形式很多，常用的简单机械原理如图 3 - 24 所示。它由气缸带动的取件板或取件夹钳来实现取件，其水平方向的动力由气缸提供，垂直方向的位置靠可调高度的支架来调整。

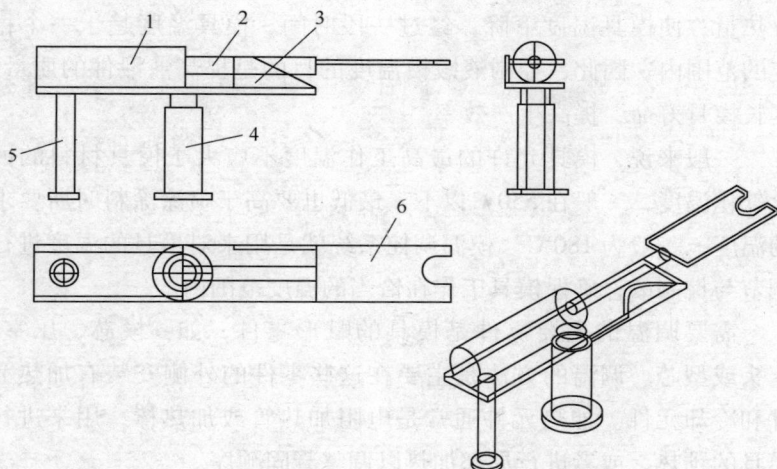

图 3 - 24　取件机械示意图

1—气缸；2—活塞杆；3—斜导板；4—调高支架；5—平衡支架；6—取件板或取件钳

3.4.8　模具温度调控系统设计规范

由于高温的液态金属对模具型腔表面反复的冲刷作用，使模具型腔表面温度不断升高，模具内部温度分布不均匀，导致模具型腔表面产生很大的热应力，超过模具材料在高温下的屈服强度时，就会产生较大的塑性变形；周期性的温度变化使模具表面产生周期性的热膨胀、收缩及其热应力，最终导致热疲劳失效。不仅如此，在液态模锻生产过程中，模具温度的高低影响制件质量和模具寿命，原则上，在液锻生产前必须将模具预热到一定温度，在生产过程中，应保证模具在一定的温度范围内工作。为保证铸件质量稳定，需要模具拥有均匀的温度分布和合适的温度范围。生产中，将熔融的金属液注入模具型腔或压室内，在短时间内模具吸收大量的热量，促使模具温度升高。同时，模具通过热传导、热辐射和热对流向环境中散失热量，冷却系统中冷却介质带走部分热量，使模具温度下降，经过一段时间，模具温度趋于一个稳定的范围内。因此，控制液锻模温度的目的是提高液锻件的质量，延长模具寿命，提高生产效率。

一般来说，模具允许的最高工作温度不应大于模具材料的回火软化温度，一般在550℃以下，最低也要高于喷涂涂料时所要求的温度，一般为180℃。模温调控系统就是用来对模具的温度进行调节与控制的，确保模具工作在恰当的温度范围内。

需要调温的主要零件是模具的赋形零件，如：模芯、压室、压头或型芯。调温的方法是主要在这些零件的外侧安装有加热元件和冷却元件。加热元件通常是电阻加热管或加热棒，用来进行模具的预热，或者进行局部加热以调整凝固顺序。

如果模具温度过高，就需要对模具进行必要的冷却。取件后的喷涂料是模具冷却的一个基本方法。但是，如果模腔表面温度过高，这种冷却方法会显著降低模具寿命。为防止模具工作温度过高，一般都进行模具的冷却设计。常用的模具冷却方法有风冷和水冷两种。风冷模具是在模具的外侧设有若干个冷却翅或冷却道，通过向冷却翅通以高压风，来达到冷却模具的目的，其冷却强度主要靠风量调节和风速调节。水冷模具则是在模具内设置必要的冷却水道或水管，通过调节通水量和水温来调控模具温度。

北京交通大学郭洪钢导出了模具调温系统设计中应遵循以下原则[3]：

（1）大型模具一般都采用水冷调温，只有小型模具才采用风冷调温；

（2）大批量连续作业条件下的模具必须设置调温系统，冷却管外缘距模腔内壁的距离应符合下式要求：

$$\frac{pD_x}{2[\sigma]} \leqslant h_1 \leqslant \sqrt{8a_2t} \qquad (3-9)$$

式中，p 为液锻比压；D_x 为型腔的等效圆直径；$[\sigma]$ 为模具材料的许用应力；a_2 为模具材料的导温系数（也称热扩散系数）；t 为金属液与模具接触的时间，近似于一个工作循环的时间。

（3）冷却水道的数目应满足如下公式：

$$N_S < \frac{2W_X L_X}{\pi D}\left(1 + \frac{p}{\omega \sigma_s}\right) \qquad (3-10)$$

式中，N_S 为冷却水道数目；D 为水道的直径；ω 为安全系数；σ_s 为材料的屈服强度；W_X, L_X 分别为模腔的宽和长。

（4）冷却水道边缘的间距 d_s 应满足如下公式：

$$\frac{W_X - N_S D}{N_S + 1} < d_S < \frac{W_X - N_S D}{N_S - 1} \qquad (3-11)$$

（5）冷却水的流量应不小于下式要求：

$$q_L = \frac{\pi v_L D_S{}^2}{4} = \frac{(Q_J - Q_m)^3}{25.74\pi^2\left(\dfrac{\lambda_f{}^2 L_S{}^2 c_P \rho}{v}\right)\left(\dfrac{T_{in} + T_{out}}{2T_3}\right)^{0.42}\left(T_3 - \dfrac{T_{in} + T_{out}}{2}\right)^3}$$

$$(3-12)$$

$$Q_J = m_J[c(T_J - T_S) + L] \qquad (3-13)$$

$$Q_m = \frac{A_X \lambda_m (T_i - T_{20})}{d_m} \qquad (3-14)$$

式中，m_J 为液锻件的质量；C_p 为合金液的比热熔；T_S 为合金液的固相线温度；L 为合金液的结晶潜热；T_3 为冷却流道表面温度；T_{in} 和 T_{out} 分别为冷却介质入口和出口的温度；L_S 为冷却水道的长度；λ_f 为冷却介质的导热系数；T_{20} 模具的外表面温度；Q_J 和 Q_m 分别为浇入合金液的总热量和模具外表面传出的热量。

3.4.9　模具材料选用规范

液态模锻的模具材料选用对于液锻生产的经济效益产生重要影响。特别是赋形零件的材料选用十分重要，常见的液锻模具材料如表 3 −4 所示。

表 3 – 4　　液锻模具赋形零件的材料选用

液锻合金	主用材料	代用材料	备注
锌合金、铅锡合金	3Cr2W8V（即 H13 钢） 5CrNiMo 4Cr5MoSiV1	40CrNi	48 ~ 52HRC
铝合金、镁合金	3Cr2W8V（即 H13 钢） 4Cr5MoSiV1	4CrWNi 5CrNiMo 5CrMnMo	42 ~ 48HRC
铜合金	3Cr2W8V（即 H13 钢） 4Cr5MoSiV1		42 ~ 46HRC
钢、铁	3W23 Cr4 MoV 3Cr2W8V（即 H13 钢）	40CrNi 40CrMo	表面渗铝或表面渗硼或硼铝共渗。42 ~ 46HRC 配合专用涂料使用

3.5　液锻模具的全寿命周期设计

　　液锻模具寿命指每套液锻模具在保证制件品质的前提下，所能成形出的液锻件数。液锻模正常失效前，生产出的合格产品的数目，叫液锻模具正常寿命，简称模具寿命。它由首次寿命和修模寿命两部分组成。液锻模具首次修复前生产出的合格产品的数目，叫首次寿命；模具一次修复后到下一次修复前所生产出的合格产品的数目，叫修模寿命。

　　液锻模具寿命与液锻件材料、液锻方式、模具类型和结构有关，它是一定时期内模具材料性能、模具设计与制造水平、模具热处理水平以及使用及维护水平的综合反映。

　　液态模锻模具寿命设计不仅要设计模具的功能和结构，而且要设计模具的生产、使用、维修保养、直到回收再用处置的全寿命周期过程，实质上是把模具看作一个产品，进行其全寿命周期设计。模具全寿命周期设计意味着，在设计阶段就要考虑到模具寿命历程的所有环节，以求模具全寿命周期所有相关因素在模具设计分阶段就能得到综合规划和优化。全寿命周期设计的最终目标是尽可能在质量、环保等约束条件下缩短设计时间并实现模具全寿命周期最优。以往的模具设计通常包括可加工性设计、可靠性设计和可维护性设计，而全寿命周期设计并不只是从技术角度考虑这个问题，还包括产品美观性、可装配性、耐用性、甚至模具报废后的处理等方面也要加以考虑，即把模具放在开发商、用户和整个使用环境中加以综合考虑。

　　模具全寿命周期设计的最重要的特点是它的集成性，要求各部门工作人员分工协作。全寿命周期设计始终是面向环境资源（包括制造资源、使用环境等）而言的，它的一切活动都是为了使制造出来的模具能够"一次成功"并在当地的资源环境下达到最优，而不必进行不必要的返工。在设计过程中，不仅要考虑模具功能、复杂程度等基本的设计特性，而且要考虑模具设计的可制造性。

　　模具全寿命周期设计的关键问题在于建立面向模具全寿命周期的统一的、具有可扩充性的能表达不完整信息的模具模型，该模具模型能随着模具开发进程而自动扩张并从设计模型自动映射为不同目的的模型，如：可制造性评价模型、成本估算模型、可装配性模型、可维护性模型等。同时，模具产品模型应能全面表达和评价与模具全寿命周期相关的性能指标。面向用户的全寿命周期的模具产品智能建模策略，开发相应的计算机的辅助智能导航产品建模框架系统，包括产品的全过程仿真和性能评价模型、面向全寿命周期的广义约束模型。复合知识的表达模型及其进化策略，全寿命周期设计涉及到大量的非数值知识，现有的简单的数值化方法不能很好反映非数值知识的本质，不仅造成模型的失真，更使模型不易被用户理解。解决数值和非数值混合知识的表达和进化已成为产品全过程寻优的关键。

　　目前，模具全寿命周期设计还很不完善，相关模型和算法尚未经过大量实践验证。但是，这种思想在模具设计中已有应用，并呈现出巨大的优势。

提高液锻模模具寿命的技术途径主要有以下几条：

(1)合理设计液锻件毛坯结构。液锻件应尽量避免带小孔、窄槽、小于90°的夹角。形状要尽量对称，即使不能做到轴对称，也希望达到上、下对称或左、右对称。要设计拔模斜度，避免应力集中，克服偏心受载和模具磨损不均等缺陷。在设计液锻模模腔边缘和底部圆角半径 R 时，应在保证液锻件型腔容易充满的前提下尽可能放大。若圆角半径过小，模腔边缘很容易在高温高压下堆塌，严重者会形成倒锥，影响模锻件出模。如底部圆角半径 R 过小而又不是光滑过渡，则容易产生裂纹且会不断扩大。

(2)充分利用 CAD/CAM 技术。设计液锻模具时应充分利用 CAD 系统功能对产品进行二维和三维设计，保证产品原始信息的统一性和精确性，避免人为因素造成的错误，提高模具的设计质量。产品三维立体的造型过程，目的在于在锻造前全面反映出产品的外部形状，及时发现原始设计中可能存在的问题，同时根据产品信息，用电脑设计出加工模具型腔的电极，为后续模具加工做好准备。采用 CAM 技术可以将设计的电极精确地按指定方式生产。采用数控铣床(或加工中心)加工电极，可保证电极的加工精度，减少试模时间，减少模具的废品率和返修率，减少钳工劳动量。对于一些外形复杂，精度要求高的液锻件，不能靠模具钳工采用常规模具制造方法来保证某些外形尺寸，而采用 CAD/CAM 技术可以对这些复杂的液锻件进行精确的尺寸描述，确定合理的分模面，保证合模精度，从模具制造这一环节确保产品精度。CAD/CAM/CAE 技术可以进行有限元分析，对关键部位的尺寸设计是否合理可以提供修改依据，从而在为客户提供高质量锻件的同时，也为客户的设计提供了依据，加强了与客户的合作。

(3)合理设计液锻工艺，特别是加压方式。液锻模中寿命最短的零件是压头、压室和型芯，它们的寿命与加压方式直接相关。一般来说，间接液锻的模具寿命比直接液锻模具长。采用锻模CAE 软件，可以分析材料的流动情况、摩擦阻力以及材料的充腔溢料情况，帮助设计人员有效合理地进行工艺设计。

（4）合理的模具结构设计。模具结构设计不仅主要考虑导向精度合理、间隙恰当、刚性好，还要考虑尽量采用组合式模具。模架应有良好的刚性，不要仅仅满足强度要求，模板不宜太薄，在可能的情况下尽量增厚，甚至增厚 50%。浮动模柄可避免压力机对模具导向精度的不良影响。凸模应夹紧可靠，装配时要检查凸模或凹模的轴线对水平面的垂直度以及上下底面之间的平行度。凸模和凹模的硬度要合适，要充分发挥强韧化处理对延长寿命的潜力。

（5）合理选择模具材料。根据模具的工作条件、生产批量以及材料本身的强韧性能来选择模具用材，应尽可能选用品质好的钢材。据有关资料介绍，模具的制造费较高，而材料费用一般仅是模具价格的 6% ~ 20%。对模具材料要进行质量检测，模块要符合供货协议要求，模块的化学成分要符合国际上的有关规定。只有在确定模块合格的情况下，才能锻造。大型模块（100kg 以上）采用电渣重熔钢 H13 时要确保内部质量，避免可能出现的成分偏析、杂质超标等内部缺陷。要采用超声波探伤等无损检测技术检查，确保每件锻件内部质量良好，避免可能出现的冶金缺陷，将废品及早剔除。

（6）合理制定模具钢的锻造规范。根据碳化物偏析对模具寿命的影响，必须限制碳化物的不均匀度，对精密模具和负荷大的细长凸模，必须选用韧性好、强度高的模具钢，碳化物不均匀度应控制为不大于 3 级。如果碳化物偏析严重，可能引起过热、过烧、开裂、崩刃、塌陷、拉断等早期失效现象。带状、网状、大颗粒和大块堆集的碳化物使制成的模具性能呈各向异性，横向的强度低，塑性也差。根据显微硬度测量结果，碳化物正常分布处为740~760HV，碳化物集中处为920~940HV，碳化物稀少处为610~670HV，在碳化物稀少处易回火过度，使硬度和强度降低，碳化物富集区往往因回火不足、脆性大，而导致模具镦粗或断裂。通过锻造能有效改善工具钢的碳化物偏析，一般锻造后可降低碳化物偏析2级，最多为3级。最好采用轴向、径向反复镦拔（十字镦拔法），它是将原材料镦粗后沿断面中两个相互垂直的方向反复镦拔，最后再沿轴向或横向锻成。重复一次这一过程叫做双十字镦拔，重复多次即为多次十字镦拔。对于直径小于或等于50mm的高合金钢，其碳化物不均匀性一般在4级以内，可满足一般模具使用要求。

（7）合理选择热处理工艺。热处理不当是导致模具早期失效的重要原因，据某厂统计，热处理不当导致的模具早期失效约占模具早期失效因素的35%。模具热处理包括锻造后的退火、粗加工以后高温回火或低温回火、精加工后的淬火与回火、电火花或线切割以后的去应力低温回火。只有冷热加工很好相互配合，才能保证良好的模具寿命。模具型腔大而壁薄时需要采用正常淬火温度的上限，以使残留奥氏体量增加，使模具不致胀大。快速加热法由于加热时间短，氧化脱碳倾向减少，晶粒细小，对碳素工具钢大型模具淬火变形小。对高速钢采用低淬、高回工艺比较好，淬火温度低，回火温度偏高，可大大提高韧性，尽管硬度有所降低，但对提高因折断或疲劳破坏的模具寿命极为有效。在20世纪70年代初期，对3Cr2W8V钢施行高淬、高回工艺热处理，钢丝钳热锻模也取得良好效果，寿命提高2倍多。采用低温氮碳共渗工艺，表面硬度可达1200HV，也能大大提高模具寿命。模具淬火后存在很大的残留应力，它往往引起模具变形甚至开裂。为了减少残留应力，模具淬火后应趁热进行回火，回火应充分，回火不充分易产生磨前裂纹。对碳素工具钢，200℃回火1h，残留应力能消除约 50%，回火 2h 残留应力能消除约 75% ~ 80%，而如果 500 ~ 600℃ 回火 1h，则残留应力能消除达 90%。如果回火不均匀，虽然表面硬度达到要求，但工件内部组织不均匀，残留应力消除不充分，模具易早期破裂失效。回火后一般为空冷，在回火冷却过程中，材料内部可能会出现新的拉应力，应缓冷到 100 ~ 120℃ 以后再出炉，或在高温回火后再加一次低温回火。表面覆层硬化技术中的 PVD、CVD 近年来获得较大的进展，在 PVD 中常用真空蒸镀、真空溅射镀和离子镀。其中离子镀层具有附着力强、浇镀性好、沉积速度快、无公害等优点。离子镀工艺可在模具表面镀上 TiC、TiN，其使用寿命可延长几倍到几十倍。离子镀是真空蒸膜与气体放电相结合的一种沉积技术。整体模腔的渗碳、渗氮、渗硼、碳氮共渗以及模腔局部的喷涂、刷镀和堆焊等表面硬化支持都是很有发展前途的，突破这一领域将使我国制模技术得到很大提高。

（8）合理确定机械加工制造工艺和加工精度。采用先进设备和技术确保每副模具具有高精度和互换性以保证液锻模所要求的高精度和重复精度，这是提高模具寿命的重要方面。制造工艺首先要保证加工后的加工变形与残留应力在规定范围内。一般来说，粗加工时最好不要使表面粗糙度 $R_a > 3.2\mu m$，特别应注意在模具工作部分转角处要光滑过渡，减少热处理产生的热应力。模腔表面加工时留下的刀痕、磨痕都是应力集中的部位，也是早期裂纹和疲劳裂纹源。因此，在液锻模加工时一定要刃磨好刀具。平面刀具两端一定要刃磨好圆角，圆弧刀具刃磨时要用 R 规测量，绝不允许出现尖点。在精加工时，走刀量要小，不允许出现刀痕。对于复杂模腔一定要留足打磨余量，即使加工后没有刀痕，也要再由钳工用风动砂轮（或用其他方法）打磨抛光，但要注意防止打磨时局部出现过热、烧伤表面和降低表面硬度。模具电加工表面有硬化层，厚约 10μm，硬化层脆而有残留应力，直接使用往往引起早期开裂，这种硬化层在对其进行 180℃ 左右的低温回火时可消除其残留应力。磨削时若磨削热过大会引起肉眼看不见的与磨削方向垂直的微小裂纹，在拉应力作用下，裂纹会扩展。为消除磨削应力也可将模具在 260~315℃的盐浴中浸 1.5min，然后在 30℃油中冷却，这样硬度可下降 1HRC，残留应力降低 40%~65%。对于精密模具的精密磨削要注意环境温度的影响，要求恒温磨削。液锻模粗加工时要为精加工保留合理的加工余量，因为所留的余量过小，可能因热处理变形造成余量不够，必须对新制液锻模进行补焊，若留的余量过大，则增加了淬火后的加工难度。在液锻模加工中除对模腔尺寸按图纸要求加工外，对其他各部分外形尺寸、位置度、平行度、垂直度都要按要求加工并严格检验。

液锻模模腔的粗糙度直接影响液锻模寿命，粗糙度高会使锻件不易脱模，特别是中间带凸起部位，液锻件越深，抱得越紧，最后只能卸下锻模用机加工或气割的方法破坏锻件。由于粗糙度值高会使金属流动阻力增加，严重时模锻若干件以后会将模壁磨损成沟槽，既影响锻件成形，也易使液锻模早期失效。工作表面粗糙度值低的模具不但摩擦阻力小，而且抗咬合和抗疲劳能力强，表面粗糙度一般要求 $R_a = 0.4 ~ 0.8 \mu m$。

模具的制造装配精度对模具寿命的影响也很大，装配精度高，底面平直，平行度好，凸模与凹模垂直度高，间隙均匀，也可获得相当高的寿命。

参考文献

[1] 邢书明. 热作模具轴套式运动副配合间隙的设计 [J]. 模具技术，2013(6)：1 - 4.

[2] 邢书明. 一种自调温模具：中国，201110375395 [P]. 2011 - 11 - 03.

[3] 郭洪钢. 液态模锻模具设计的若干准则研究 [D]. 北京：北京交通大学，2014.

[4] 罗守靖，陈炳光，齐丕骧. 液态模锻与挤压铸造技术 [M]. 北京：化学工业出版社，2006.

[5] 邢书明，鲍培玮. 金属液态模锻 [M]. 北京：国防工业出版社，2011.

第4章　液态模锻车间设备

　　设备是工艺得以实现的必要基础。液态模锻的工艺过程包括：合金熔体熔炼、浇注、喷涂料、液锻成形和取件等基本环节。相应地，液态模锻的车间装备主要包括熔体制备(熔炼)设备、液态模锻机、浇注机械、取件机械、涂料喷涂设备五部分。本章对这些设备的功能要求、选型与配置进行了系统介绍，旨在为合理配置和正确运用相关设备提供参考。

4.1　液态模锻车间设备

　　液态模锻车间除了有热加工车间的基本设备外，主要生产设备包括熔体制备(熔炼)设备、液态模锻机、浇注机械、取件机械、涂料喷涂设备五部分，相应地完成液锻合金的熔制、浇注、喷涂料、液锻成形及取件等基本工序。液锻车间设备配置需要考虑以下方面：

　　(1)生产纲领：如主要产品、材质、生产方式和时间、生产线数量和计划产量；

　　(2)工艺流程：如是否包括毛坯光整、热处理及切削加工等工序；

　　(3)自动化程度：是全自动还是半自动，是以人工操作为主还是机械化作业为主。

　　根据自动化程度的不同，液锻车间大致可以分为简易小型液锻车间、大批量液锻车间和全自动液锻车间三大类。

　　简易小型液锻车间的产量、产品规格和设备吨位都较小，自动化程度低，其主要生产设备只包括熔炼设备和液锻机，如表4-1所示。在这种车间里，喷涂料、浇注和取件等工作均由人工完成，工件的热处理及后续加工交由专业车间完成。这种设备配置投资少、见效快，适用于液态模锻企业的起步阶段和多规格小批量产品的生产。

表4-1　简易液态模锻车间主要生产设备一览表

设备名称	用途	主要技术参数	适用的液锻合金范围
中频感应炉	液锻合金的熔制	容量、熔化率、频率、额定功率	各种钢、铁、铝合金、铜合金等
冲天炉		熔化率、连续开炉时间	各种铸铁的大批量生产
立式液锻机	液锻成形	加压方式、额定压力、工作台面尺寸、最大开档距离、油缸行程和速度	车间高度大而车间面积小的场合，或者合模力很大的场合
卧式液锻机			车间高度小而车间面积大的场合，或者合模力较小的场合

大批量液锻车间的产量一般在年产50万模以上，液锻设备台套数一般都在2套以上，如表4-2所示。这种液锻车间的设备配置以机械化作业为主，各工序的设备配套齐全，适用于小规格大批量的工件液态模锻。这种生产车间投资较大、建设周期较长，适用于大中型企业工艺升级改造。

表4-2　大批量液态模锻车间主要生产设备一览表

设备名称	功能和用途	数量	备注
中频感应熔化炉	熔炼铜、铝及钢铁等材料	至少2台	通过控制炉衬厚度控制炉容，适应不同的规格
冲天炉	熔炼各种铸铁材料	至少2台	逐渐减少
液锻合金液保温炉	对熔炼合格的液锻合金液进行保温，供应温度、质量合格的合金液	至少2台	对于高熔点合金，可以由熔化炉代替
气体保护浇注机械	防止浇注过程的氧化污染，完成定量浇注	每台液锻机配1台	用于易氧化的合金材料液态模锻的工件

续表

设备名称	功能和用途	数量	备注
液锻机	完成液锻合金的充型、加压补缩、加压凝固及开合模等功能	至少 2 套	一般为大、中、小规格各 2 套
取件机械	协助人工按要求将出模后的工件取出，放置在规定位置	每台液锻机配 1 台	
冲床	去除料饼、浇道等工艺余料	至少 2 台	适用于必须热分离工艺余料的情况。一般情况可以采用切割机等代替

自动化液锻车间的产量一般在年产 100 万模以上，车间主要设备如表 4 - 3 所示。其所有工序都是在线自动完成。因此，这时的设备配置需要满足生产线整体的技术要求，实现各工序的协调。

表 4 - 3　动化液态模锻车间主要生产设备一览表

设备名称	功能和用途	数量	备注
一拖二中频感应熔化炉	熔炼铜、铝及钢铁等材料，功率自动分配	至少 2 台	通过控制炉衬厚度控制炉容，适应不同的规格
液锻合金液保温炉	对熔炼合格的液锻合金液进行保温，供应温度、质量合格的合金液。能自动控温	至少 2 台	对于高熔点合金，可以由熔化炉代替
浇注机械手	在 PLC 程序控制下，自动完成定量浇注	每台液锻机配 1 台	浇注量的定量通过更换舀勺来调节
全自动液锻机	在 PLC 程序控制下，自动完成液锻合金的充型、加压补缩、加压凝固及开合模等功能	至少 2 套	一般为大、中、小规格各 2 套
取件机械手	可以在 PLC 程序控制下，自动按要求将出模后的工件取出，放置在规定位置	每台液锻机配 1 台	
冲床	在 PLC 程序控制下，自动去除料饼、浇道等工艺余料	至少 2 台	

液锻合金的熔炼是一种批式生产，熔炼炉的容量和熔炼速率

决定了单位时间合格合金液的供给能力。一般来说，是整炉熔制，分包浇注。理论上说，炉容越大，化学成分的稳定性和一致性越好。为了保证产品成分的一致性，一般来说，每炉液锻合金应当在20min内浇注完毕。但是，液态模锻是一种间歇式生产，每件的生产时间取决于工件的壁厚和液锻机的速度。因此，液锻合金的熔制与液锻成形两大工序之间的协调是直接影响液锻生产的顺畅性、产品质量、生产成本和废品率的关键，熔炼设备的技术参数需要与液锻机的技术参数协同考虑。

对于低熔点合金来说，可以像压铸一样，采用保温炉进行液锻合金液的保温浇注，这样可以很好地解决液锻周期与熔化周期之间的矛盾。但是，对于钢铁一类的高熔点合金液锻来说，保温期间的能耗不容忽视，这种熔化－保温的模式会使产品成本明显增高，无法投入实际应用。现有技术条件下，一般可以采用多台小容量熔炼炉交替工作来实现液锻合金液的大致连续供应。

4.2　金属熔体制备设备

制备出合格的金属熔体是液态模锻的前提。液态模锻对合金熔体的基本要求有三个：

(1)温度满足浇注、充型、成形和补缩的工艺需要。

(2)化学成分满足合金牌号要求或企业标准的要求。

(3)杂质含量尽量低，特别是气体、杂质元素、夹杂物等含量要尽量低。

要同时满足这三个要求并不容易，一般都需要在专门的设备中完成。用来完成合金熔体制备的设备统称为熔炼设备或熔炼炉。高质量合金的熔炼需要分两步分别在基本熔炼炉和精炼炉内完成。在基本熔炼炉内完成基本成分和温度的调整，在精炼炉(也叫预处理炉)内完成精炼或预处理，这两个环节分别称为合金熔炼和合金熔体预处理。合金熔炼是指以固态或液态金属为原料，在专用的熔炼设备中，通过一系列的氧化还原反应，得到温度、成分和气体、夹杂含量合格的合金熔体的工艺过程；合金熔体预处理则是以精确调整化学成分、净化合金熔体以及控制其凝固流变行为为目的而进行的处理过程。

熔炼合金熔体的原料一般是废旧金属、中间合金、回炉料、纯金属和合金添加剂。所谓废旧金属，主要是回收的废钢、废铁、废铜、废铝等，它们的化学成分不能准确确定，作为熔炼的主料，熔化后进行成分分析，得到其化学成分，为下一步的冶炼提供基础。中间合金是含有合金元素的原料，如：硅铁合金、锰铁合金、铝硅合金等。中间合金的化学成分是已知的，用来调整合金元素的含量。纯金属也可以作为调节化学成分的原料，但化学活性过强的纯金属收得率不稳定，一般以中间合金形式使用。回炉料则是在成分符合要求的浇口、冒口、切头等成形过程形成的余料，它的加入只增加熔体重量，不改变成分，主要用来调整温度和熔炼总量；合金元素添加剂是用来添加合金元素的专用添加剂，其中除含有合金元素外，还含有一定具有精炼或保护作用的辅剂。目前在有色金属行业，合金元素添加剂正在逐步取代铝基和铜基中间合金，元素 Ti、Zr、B 等作为合金化元素已显现其技术优势和经济优势，Ni、Cr、Mn、Fe、Si 等添加剂虽有技术优势，但因原材料供应价格过高，目前尚无法推广应用。

钢和铸铁都是铁碳合金。熔炼铁碳合金的原料主要是生铁、废钢和各种铁合金。铁碳合金的熔炼方法主要包括：冲天炉熔炼、电弧炉熔炼、感应电炉熔炼、平炉熔炼以及转炉熔炼。化学成分和冶金质量要求不同，适用的熔炼方法就有所不同。

液态模锻生产中合金熔炼设备与普通铸造生产中的熔炼设备大致相同，常用的熔炼设备可以有三大类：电弧炉、中频感应电炉和电阻熔化炉。曾经在有色金属熔炼中发挥过重要作用的燃气炉、燃油炉和焦炭坩埚炉因环境负荷大，正在逐步淘汰。冲天炉是熔炼铸铁的常用设备，目前已经向冲天炉－电炉双联方法发展，也面临被淘汰的压力。中频感应电炉主要用来熔炼钢铁材料，也可以用于有色金属熔炼，是液态模锻最常用的熔炼设备。电弧炉主要用于大型工件的液锻生产中。电阻熔炼炉主要用来生产有色金属。下面对这些熔炼设备进行一个简单介绍。

4.2.1　冲天炉

含碳量高于1.8%的铁碳合金，因其熔点低、碳含量高，可以用冲天炉熔炼。冲天炉是一种以焦炭为燃料的连续式熔炼设备，熔炼成本最低，主要用于铸铁的熔炼。它是一种立式连续熔炼炉，如图4－1所示。其工艺过程是原料和燃料分批从其上部的加料口不断加入炉内，并随着焦炭的燃烧、炉料的熔化和铁水的放出而不断向下运动，而炉内的焦炭燃烧放出的热和产生的气体使原料加热熔化并发生一系列的氧化还原反应，熔化的铁滴通过料柱的间隙沉于底部的炉缸内暂存，期间会发生增碳、增硫反应。当储存一定量后通过出铁口放出浇注。熔炼过程中，炉料与造渣材料发生冶金反应形成炉渣，达到脱硫、脱磷的目的。

冲天炉熔炼的特点是生产效率高，可以连续供应铁水，熔化率在1~30t/h之间，适用于大批量连续生产。其连续生产的时间取决于炉衬材料的寿命，一般连续开炉时间可达10h以上。其最大的缺点是难于及时调整铁水温度和化学成分，通常是靠稳定原料和炉况来实现铁水质量的稳定。

在有色金属熔炼中，可以使用燃气或燃油的连续熔化炉达到连续熔化合金熔体的目的，这种炉称为塔式熔炼炉，它与冲天炉有很多相似之处。但是，要值得注意的是，氢在铜、铝合金中的溶解度很大，熔入合金液的氢在凝固过程中析出，就会形成气孔缺陷，严重影响材料性能。所以，在有色合金熔炼中要格外关注合金液的吸气，并采取必要的措施进行除气。

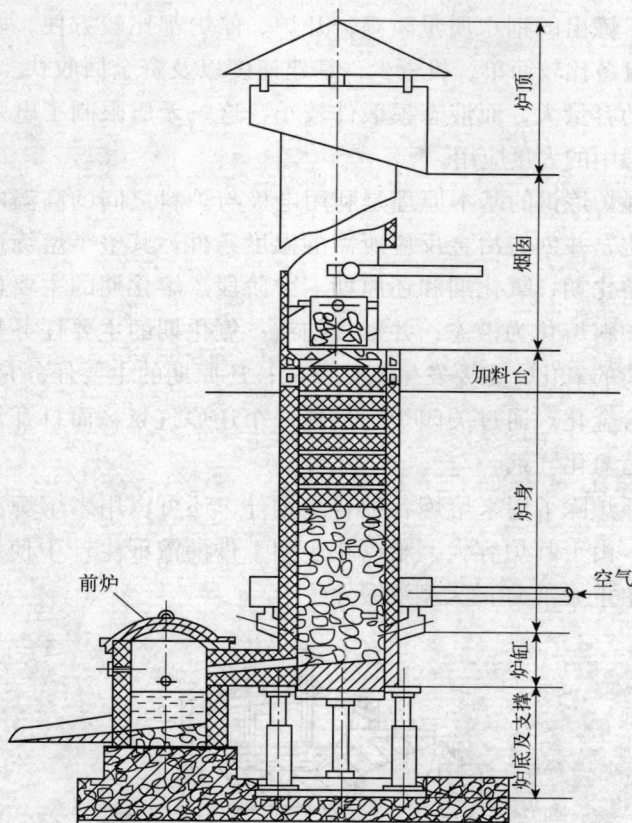

图 4 - 1　冲天炉示意图

4.2.2　电弧炉

碳含量低于 1.8% 的铁碳合金因熔点高、含碳量低，都不能用冲天炉熔炼，需要用电炉熔炼。传统的大型铸钢车间普遍应用的是电弧炉，其结构和工作原理如图 4 - 2 所示。电弧炉是以高温电弧为热源进行金属熔体冶炼的设备，其特点是集中装料、集中出炉、批式生产。每炉熔体重量至少数吨。电弧炉炼钢对原材料要求不高，炼出的钢水质量较高，开炉、停炉都比较方便，电弧炉炼钢的设备比较简单，投资少，基建速度以及资金回收快。但是，电弧炉的容量大，而液态模锻件较小，这一矛盾限制了电弧炉在液态模锻中的大量应用。

电弧炉炼钢的基本原理是利用电极与炉料之间的高温电弧使炉料熔化，并创造冶金反应所需的温度条件。其整个熔炼过程包括炉料熔化期、氧化期和还原期三个阶段。熔化期的主要任务是使固态炉料熔化为液态，并形成初渣；氧化期的主要任务是脱碳和硅锰磷的氧化，主要发生氧化反应；还原期的主要任务是脱硫、脱氧和合金化。通过关闭炉门创造一个还原气氛，而打开炉门则可以创造氧化气氛。

电弧炉除了用来熔炼各种合金钢外，还可以用来熔炼其他合金熔体。由于其炉容大，难以在小型工件的液锻生产中使用，一般用于单重大于1t的大型液锻件生产。

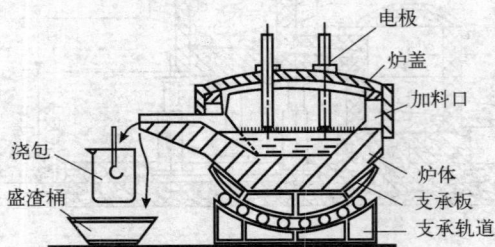

图 4 - 2　电弧炉结构原理图

4.2.3　感应电炉

感应电炉是利用电磁感应原理将电能转变为热能来熔炼金属的设备，如图 4 - 3 所示。19 世纪 70 年代，弗兰蒂首先开始感应电炉的实验，1871 年在意大利首先获得专利。1890 年科尔比获得熔化金属的感应电炉专利。第一台实用感应电炉于 1900 年由谢林在瑞典开始应用。现在的无芯感应电炉的发展是从 1916 年诺斯拉普开始的。经过近百年的发展,特别是第二次世界大战以后,由于航空、航天、电子、机械等工业的发展,对金属材料的要求越来越高,电弧炉、转炉、平炉冶炼的钢质量难以满足这些要求,催生了感应电炉的工业应用。最近几十年,感应电炉冶炼工艺和设备得到了很快的发展。感应电炉可以生产特殊钢、高温合金、精密合金、有色金属及其合金。各特殊钢厂都有感应电炉冶炼车间,一些机械厂也有感应电炉冶炼车间。随着大功率可控硅变频器的出现和可靠性的提高,中频感应电炉普遍采用可控硅变频电源,中频感应炉的应用逐步扩大。

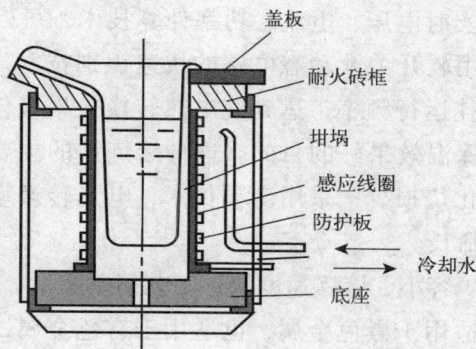

图 4 - 3　感应电炉结构原理图

中频感应炉将普通 50Hz 的交流电经全桥整流后变为直流电,直流电经逆变器转换成可调节的中高频电流,电流流经负载线圈时,产生大量的磁力线,磁力线与线圈容器内的金属材料相互作用产生感应电流,由于金属材料的电阻作用,感应电流为克服电阻而发热(即涡流),从而达到加热材料的目的。感应电炉熔炼合金熔体的一般步骤是:加料熔化、造渣脱氧、出炉。感应电炉熔炼的特点是,电磁搅拌有利于成分均匀。其主要缺点是,炉渣温度低，造渣效果不好。所以，感应电炉熔炼合金的质量是靠高质量的炉料保证的。采取氩气保护措施，将钢液表面尽可能与空气隔绝，能够净化钢液，降低合金加入量和延长炉衬寿命。感应电炉的快速熔化技术、批量熔化技术和 IF - AOD 精炼技术是感应电炉生产纯净钢和超低碳不锈钢液的新工艺。

对于铝合金来说，集熔炼与保温于一体的全数字（铝合金）电磁感应熔保炉是一个不错的选择。它采用变频技术，将 50HZ 交流电变换成熔化铝合金特定频率的感应电流，感应电流通过特制线圈，使熔保炉坩埚内的铝合金发生感应切割而发热。虽然铝合金的导热系数大、其热损失小，但铝较小的电阻率及导磁率，却导致其在熔炼过程中吸收电功率的能力低。为克服上述缺点，采用全数字锁相，实时电压、电流、功率计算技术，可以确保功率的恒定输出，应用软开关及动态电感的快速识别技术，可以准确而智能地搜到最佳运行频率，达到使电热转换效果最佳、熔化速度快、能耗低、保温效果好的目的。这种熔炼炉的主要优点是：熔化速度快，氧化烧损少；采用变频技术，电热转换率高；温度易控制，坩埚寿命长。

感应电炉炉容小、熔炼速度快，工艺简单灵活、熔体质量高、操作简单，既适用于黑色金属，也适用于有色金属，是液态模锻最常用的熔炼设备。

4.2.4　炉外精炼及其装备

纯净度是合金熔体质量的一个重要评价标准，净化处理是保证合金熔体纯净度的重要措施。例如，纯净铸钢是指不含氧化物、硫化物和氮化物等宏观夹杂的高质量铸钢件。对铸造碳钢和低合金钢而言，纯净铸钢杂质应控制在：$[S] + [O]$（或$[N]$）$< 200 \times 10^{-6}$（即 200ppm）的水平。超纯净钢（对碳钢和低合金钢而言）可定义为$[S] + [O]$（或$[N]$）$< 100 \times 10^{-6}$（即 100ppm）。有许多炼钢工

艺可实现超纯净钢的精炼，如钢包喷粉、氩气净化、Ca – Si 线喷射、真空精炼、EAF/AOD 双联工艺以及 EAF/AOD/VOD 三联工艺等。

　　合金熔体中的夹杂物来源主要有两类，其一是来自炉渣、型砂和耐火材料等，可归结为外来夹杂。其二是来自再氧化过程和脱氧剂、精炼剂在金属熔体中的化学反应产物，这类夹杂约占夹杂总量的80%。如果脱氧产物中氧化物夹杂颗粒达到 $10\mu m$ 以上，可认为是宏观夹杂。氧化物宏观夹杂是造成液锻件表面缺陷和内部缺陷最主要的原因。一般情况下，脱氧和精炼的氧化物夹杂颗粒在 $5\mu m$ 以下，只有聚集为大颗粒夹杂才有利于上浮排除。因此，控制夹杂物的数量、尺寸、形态和组成从而得到纯净铸钢件是控制熔炼过程的一个重要内容。

　　合金熔体的精炼技术很多，归纳起来主要是真空精炼、搅拌排气杂和吸附精炼三大类。所谓真空精炼就是利用真空条件促进易挥发物的挥发，减小合金元素氧化烧损，促进双原子气体的排除，来达到净化和准确合金化的目的；搅拌排气杂是通过合金液的剧烈流动，促进夹杂和气体的集聚与合并，加速其上浮排除，达到净化的目的。吸附精炼则是通过加入对夹杂和气体有良好吸附作用的精炼剂，将夹杂和气体吸附于精炼剂表面，并随着精炼剂上浮而排除的一大类精炼方法。具体的精炼方法需要根据合金熔体的特性进行选择，常用的有氩气净化、喂线、AOD、VOD 和 LF 等精炼工艺。

　　吹氩净化（Argon Injection）是根据氩气不与合金熔体反应的特性，向合金液中吹入氩气，通过氩气上浮带来的搅拌作用和氩气对夹杂气体的吸附作用，实现净化合金液的目的。这种方法的优点是：除搅动功能外，还有除气作用，能降低气体和夹杂物含量；供气速率范围比较灵活；合金元素和脱氧化产物分布均匀，并使合金熔体温度分布均匀，同时有排除气体和夹杂物的功能。

喂线净化(Wire Injection Cleaning)就是通过喂线机将线状净化剂连续不断地喂入合金熔体的适当位置，进行净化处理的一种工艺方法。为了控制净化剂的反应速度和位置，一般都采用薄钢带包覆精炼剂制成线材，由喂线和导管直接插入合金液中进行脱氧、脱硫和合金化等精炼操作。在铁碳合金精炼中应用喂线净化的主要作用是降低钢液中氧和硫的含量，改变夹杂物形态和组成，从而提高钢液的纯净度和改善铸钢的塑性与韧性，并有微量合金成分调整及合金化的功能。喂线净化工艺处理时间短，钢液降温少，不污染环境，不用载气，不会带来熔体喷溅。同时还能提高活泼合金元素加入的收得率。喂线工艺还可以与吹氩净化工艺配合使用，取得更好的净化效果。

AOD 精炼工艺是美国发明的专利技术，主要用于低碳和超低碳不锈钢的精炼。它是依靠氧和惰性气体的混合气体、而不是纯氧来进行精炼。它利用氩气泡的模拟真空条件，降低 CO 气体分压，在一定温度下，具备从高铬含量熔池中去除碳的能力，而不会促进铬的氧化。因而，它可利用最廉价的原材料，如高碳铬铁和不锈钢废钢返回料生产纯净超低碳不锈钢。现在，全世界 75%以上的不锈钢是采用 AOD 工艺生产的。AOD 工艺现在不仅用于不锈钢的精炼，还扩大到生产工具钢、硅钢、低合金钢和碳钢。它不仅降低不锈钢的生产成本，还改善钢的质量，去除气体和夹杂物，提高钢液纯净度，改善流动性和充型性，提高钢的力学性能，减少铸造缺陷等。AOD 精炼过程，依靠化学反应控制钢液温度，不需要外界热源，因此，非常适合与中小容量的感应电炉和电弧炉组成双联工艺。

真空精炼工艺即利用真空条件实现合金熔体的精炼，是钢铁材料常用的炉外精炼技术。对于铁碳合金来说，主要有 LF(Ladle Furnace)、VOD(Vacuum Oxygen Decarburization)和 VODC(Vacuum

Oxygen Decarburization Converter)。VOD 法是真空氧脱碳精炼工艺的简称，它适用于精炼各种碳钢、低合金钢和不锈钢。由于在真空下，可精炼纯净度更高的钢液，气体和夹杂物含量更低。该工艺需要真空设备，一次性投资和维护费用较高。在小容量精炼、脱碳速率和能力、超低碳不锈钢的精炼和温度控制等方面有其局限性。VODC 是 VOD 精炼和有氩气搅动功能的转炉工艺相结合的一种精炼方法，有更强的精炼能力和生产效率。

　　LF(Ladle Furnace)是钢包精炼炉的简称，它具备三项功能：炉底吹氩气搅拌功能、真空精炼功能和电极加热功能，如图 4 - 4 所示。LF 工艺适用于重型机械制造工业中大容量钢液的精炼。中国重型机械工业系统现有容量 30 ~ 170t 的 LF 炉十多台，多应用于动力工程用大型锻造钢锭的精炼。LF 工艺受到容量和耐火材料炉衬寿命的限制，容量小于 30t 或 40t 的 LF 炉因三相电极加热功能很难实现而不宜采用。另外，LF 炉的炉衬寿命低，一般少于 10 次。特别是渣线处的炉衬寿命更低。

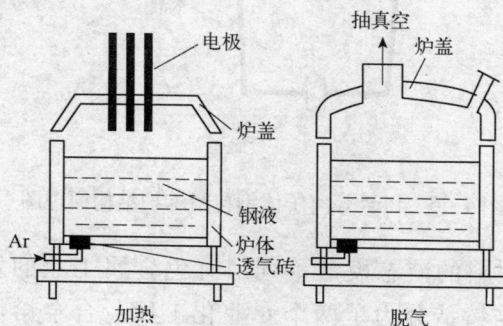

图 4 - 4　LF 精炼炉结构原理图

　　　与 LF 类似的另一种精炼方法称为 VILF(Vacuum Induction Ladle Furnace)，它是真空感应加热钢包炉，与 LF 的不同主要在加热方式上。这种工艺适用于铸造车间采用小容量 LF 炉的情况。

　　PLF(Plasma Ladle Furnace)等离子体钢包精炼炉是美国 Maynard 铸钢公司于 1993 年首先引入铸钢生产的一种精炼方法，精炼炉的电极与钢液熔池引弧，如图 4 – 5 所示。氩气通过电极中心小孔射入，形成等离子电弧。与此同时，氩气通过钢包底部透气砖吹入搅动并脱氧，氩气流是可变的。高的搅动速度用于均匀加热和脱硫；低的搅动速度用于氧化物夹杂上浮到渣中。等离子体电弧的极性也是可变的，负极性用于开始加热和熔化熔剂，正极性用于脱硫、脱氧和合金的还原。采用氩气净化和等离子体极性调节相结合可以生产超纯净钢，该公司采用 PLF 炉生产出含氧、氮、硫和磷极低的铸钢。

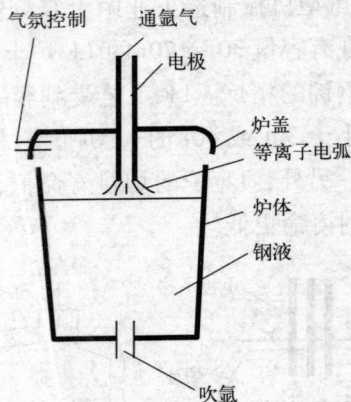

图 4 – 5　PLF 等离子体钢包精炼炉结构原理图

　　与钢铁材料的液态模锻不同，有色金属工业的发展，已经将合金熔炼与铸造分为了两个专业化工厂。合金熔炼工厂可以向铸造工厂提供高质量的锭坯或液态合金，铸造厂只需对锭坯进行重熔保温或对合金液进行保温即可。因此，液态模锻有色金属的车间内，只有合金的保温设备，而不需要有熔炼、精炼设备。

4.3　液态模锻机

　　液态模锻机是液态模锻生产的核心设备，其本质上是一种专用液压机。它与通用液压机的主要区别是：

　　(1)具有持压功能。即能够在跟踪金属熔体的收缩过程中，使压力始终保持在设定水平。目前的通用液压机虽然也有保压功能，但它的保压是指到达设定压力后，压头停止运动而保压，也称为定程保压。这与液锻过程的持压概念是不同的，液锻过程的持压是压头在运动中保压，也称为变程保压。

　　(2)速度高且具有速度调节功能。即根据工艺需要，能够调节油缸活塞的运动速度。调节方式可以是分档调节，也可以是连续调节。现有的通用液压机的挤压速度一般是恒定的或者仅能分档调节。液锻机的滑块运动速度最大可达 500mm/s 以上，而传统的普通油压机滑块速度一般只有 100mm/s 左右。

　　(3)具有辅助液压系统。即预留侧压系统，以便进行侧向加压和抽芯，实现多向液锻。不仅如此，这些辅助系统都纳入统一的 PLC 系统进行统一的控制。

　　(4)开档距离大。为了便于浇注和取件，要求液锻机的开档距离大于模具闭合高度 500mm 以上，这就造成了液态模锻的开档距离较大。

　　目前已经有多种机型的液态模锻机，这些设备的差异主要集中在液锻方式、浇注方式、合模力以及自动控制等方面。

　　液态模锻方式决定了液态模锻设备的制造，尤其对于现代集成自动化液态模锻设备，影响着液态模锻设备部件、布局及附件的设计。从目前制造的液态模锻设备来看，液态模锻的方式正从传统的直接挤压和间接挤压单一方式走向复合化，形成适用范围更广的新型液态模锻工艺。我国肇庆市经济贸易局欧阳明在改制液态模锻机上开展挤压压铸工艺，该方法能生产厚径比更小的零件及熔点更高的金属材料零件。日本 UBE 公司的液态模锻机能进行半固态液态模锻。除此之外，还发展成了双重液态模锻工艺，是将传统的直接挤压和间接挤压两种方式进行有效结合，兼有两种方式的优点，发展很快。

伴随着液态模锻工艺方式的变化和挤压材料的多样化，液态模锻设备中浇注方式也从单一的人工浇注向机械化、自动化浇注方向发展。如：日本 UBE 公司的 VSC、HVSC 液态模锻机配有自动浇注、自动喷涂等机械手；东芝公司的 DXHV 和 DXV 液态模锻机配置了 LEOMACS 封闭浇注系统，使用电磁泵装置输送金属液；中国台湾久大油压铸机公司推出全自动液态模锻机，具有自动给汤漏斗伸缩装置；荷兰 Prince Machine 公司、法国 JL 公司以及美国 GrandVille 和 Michigan 公司联合开发的满料筒（Full—Sleeve）的浇注装置。

合模力是决定液态模锻机生产零件尺度的重要参数，选择恰当的合模力的液态模锻机不但可以节约设备的资金投入，也可在生产过程中节约能源。各大液态模锻设备公司都相继开发多种系列的液态模锻机，每种系列又提供多种规格合模力的产品。日本宇部兴产生产 VSC、HSVS 两种液态模锻机，VSC 系列具有 9 种规格，HSVC 系列具有 6 种规格。日本东芝有 DⅫ、DⅩⅤ、DⅩⅣ 3 个系列。瑞士布勒的液态模锻机（也称挤压铸造机）具有 Vision、Evolution、和 Classic 三种系列，每种系列压铸设备都提供均匀、完整和最佳合模力分级的机器，合模力从 2600kN 到 42000kN，达到了目前世界上最大合模力。

液态模锻工艺中，挤压压力是最重要的工艺参数之一，对铸件质量和性能有非常大的影响，而且随材料和铸件形状发生变化。现代液态模锻机能对挤压机构压力进行控制，提高其压力大小、控制精度及稳定性，也能对压力控制方法进行改进。如瑞士布勒公司开发了新一代实时压射控制机构，能对速度和最终压力曲线进行编程以适合压铸零件的几何形状，实时控制质量；东芝公司的液态模锻机配置了东芝特有的 TOSCAST，提供良好的用户界面，能对液态模锻机针对某个具体过程参数设置和保存，维持液态模锻过程稳定性，能观察到液态模锻过程压力曲线和其他工艺参数情况。日本宇部兴产的液态模锻机由计算机编程，并进行精确控制，能够进行液态模锻过程重要工艺参数显示，确保生产过程全自动进行和工艺参数稳定。

我国虽没有研制出比较先进的液态模锻设备，但也试制了多种型号的液锻机，并投入了应用，效果令人满意。如广东佛山顺德的华大机械制造有限公司生产的 Y28 立式液态模锻机，合模力有 550kN、800kN、1500kN 3 种。此外，为提高液态模锻机合模力，华南理工大学陈维平等人还研制了用于间接液态模锻的附加锁模装置，能安装在传统的压力机上，可一定程度地提高合模力，从另一个角度增加了液态模锻机的合模力规格。

综上所述，国际范围的液锻机正在向系列化、专业化方向发展。目前已经形成立式液态模锻机、卧式液态模锻机和复合式液态模锻机三大类，下面分别进行介绍。

4.3.1　立式液态模锻机

立式液态模锻机是最常用的液态模锻机，它是在通用立式液压机(油压机)的基础上进行改制而成。与普通液压机的主要区别是：速度快且可调、能够在设定压力水平上实现保压(即持压)。除主缸外，通常还带有辅助油缸，以便实现抽芯、补压等功能。目前已有多种立式液锻机。

图 4 - 6 所示是在三梁四柱液压机基础上改制而成的立式双动液压机。上梁安装的主油缸带动主缸活塞实施挤压，两只辅助油缸带动辅助活动模梁用于水平分型模的锁模，下工作台上安装的

侧缸用于垂直分型模的锁模，增压器用于液压系统最后的增压。这种机型自动化程度不高，而且合模力也偏低。它比较适用于进行直接冲头挤压、柱塞挤压、上压式或侧压式间接冲头挤压等多种工艺形式，并可实施模具的水平和垂直方向分型等。可生产诸如活塞、泵体、轴套等直径不大于120mm的铸件。

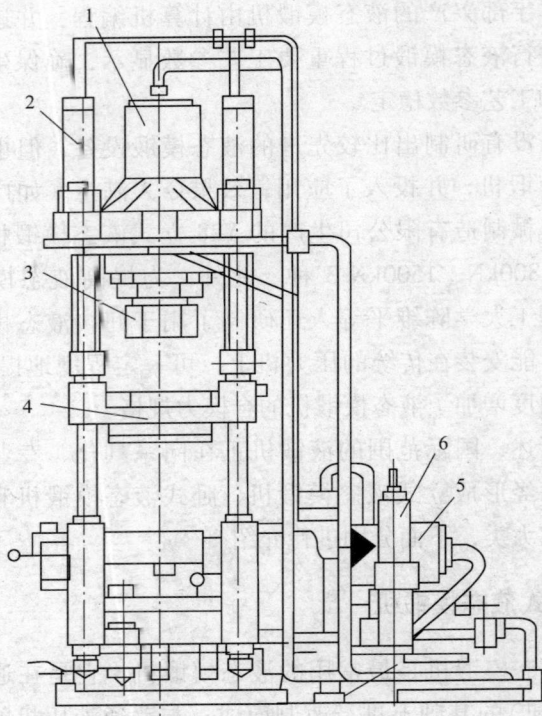

图 4-6　立式上挤压双动液锻机

1—主油缸；2—辅助油缸；3—主缸活塞；4—辅助活动横梁；5—侧缸；6—增压器

图4-7所示是另一种立式双动液锻机——下挤压双动液锻机。上梁安装的主油缸带动滑块实施开合模，底缸实施挤压，滑块内嵌装的副油缸实施补压。这种机型自动化程度较高，合模力大，比较适用于进行直接冲头挤压、柱塞挤压或间接冲头挤压等多种

工艺，可生产较大尺寸的铸件。

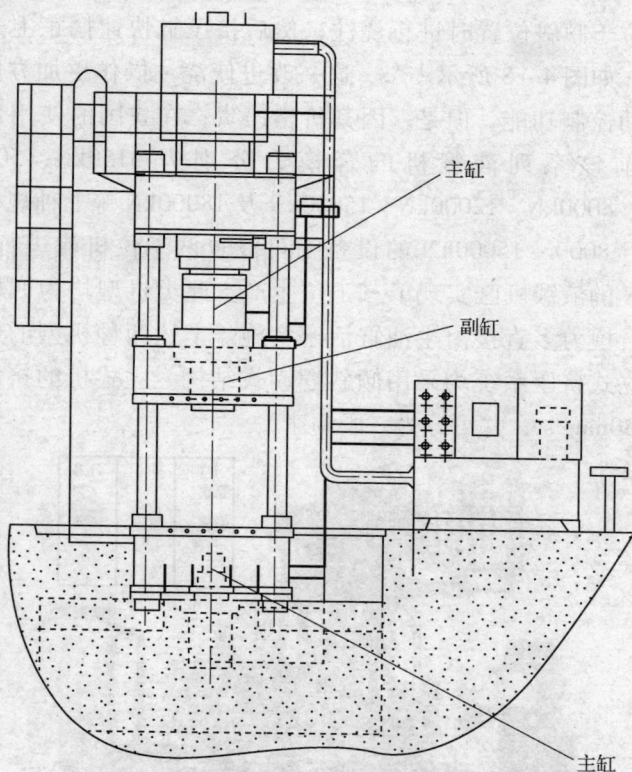

主缸

副缸

主缸

图4-7　立式双动液锻机

　　具有倾斜摆动式浇杯的立式模锻机可以实现闭模浇注。目前，用立式通用液压机进行液态模锻，均是在开模状态下进行浇注的，尤其是使用两次分型模具时，还需要用挂板将中模上挂或下挂，手工操作多，影响了生产效率。因此，新设计的立式液态模锻机，有一套液压或气动的挂板开合机构，以省去手工劳动。这种开模浇注方式虽在立式机上可行，但增加了液体金属在料缸中的停留时间，对铸件质量会有不利影响。因而最佳方案是实现闭模浇注。

为此，日本宇部兴产公司设计了倾斜摆动式浇杯及挤压机构，即挤压缸位于倾斜位置时进行浇注，然后挤压缸快速摆正上升并实施挤压，如图 4-8 所示[1~2]。这一改进使浇注操作更加方便，并配有自动控制功能。但是，因其价格昂贵，在我国的使用量并不大。目前该系列液锻机的合模力分别为 3150kN、5000kN、6300kN、8000kN、12000kN、15000kN 及 18000kN 等七种规格的设备。而且 8000~15000kN 的设备上可设置两工位机构进行生产，18000KN 的液锻机已实现了三工位生产。此类机型均为四柱立式结构，合模力多直接由主油缸活塞实施。上述两种机型的最大特点是其立式挤压系统均采用倾斜摆动式结构。立式机的挤压速度最大达 80mm/s，并可分为三段调速。

图 4-8　宇部 VSC 立式液锻机

为了降低设备造价，一些设备制造厂在通用液压机基础上，改善其压射（挤压）系统，开发出较为廉价的全自动化液态模锻机。其中中国台湾久大油压铸机精机厂推出的立式挤压铸造机系列就是一种具有代表性的机型，如图 4-9 所示。

中国台湾久大油压铸机精机厂生产的液态模锻机系列为四柱立式结构，其活动横梁是由曲肘机构带动并锁模，由下缸活塞实施挤压。此挤压（压射）系统采用了三段式压射压力，即开始以低

图4-9 中国台湾久大立式液态模锻机

速高压方式射出，使液体金属缓慢充型，当充满型时增压系统启动并增至2~4倍压力，以保压至铸件凝固。该设备上方还设有二次补压系统，必要时可局部补压。这种液锻机配有自动喷涂、自动浇注、自动取件系统，从浇注至取件可全程自动化。到目前为止，本机已生产出锁模力分别为1500kN、2000kN、2500kN、5000kN、8000kN及12000kN六种液态模锻机系列。

这种液锻机像压铸机一样，用曲肘机构锁模，大大简化了结构，降低能耗。但是，恰恰是这种结构决定了它不能用于直接冲头挤压和柱塞挤压的工艺形式，而只适合用于间接冲头液态模锻，主要用于铝合金、锌合金或镁合金等低熔点合金，在生产上受到了一定的限制。本机适合生产形状较复杂，尺寸较精密的液态模锻件。

东芝公司开发的立式合模立式液锻设备，其特点是使用了电磁泵输金属液系统。电磁泵装置缩短了金属液充型至开始挤压的时间，减少料缸中因凝固结壳给铸件带来的夹渣、冷隔等缺陷；另外，金属液改由管道输送，不与空气直接接触，可减少氧化夹杂的产生，以确保金属液的内在质量。在挤压系统中，东芝机用两个油缸自由控制其增压时间，并实现超高速或超低速压射。它也配有自动喷涂、自动取件、挤压头润滑、模具快速更换及自动锁紧、模具的二次补压等装置，从供液到取件，整机也均由计算机进行编程，全过程精确控制并实现参数显示。用先进的 系统可以锁定最佳工艺参数，保证从第一件到最后一件所有铸造条件基本一致。东芝机一般用做间接冲头挤压方式，它适合于高质量、形状较复杂、组织致密耐压铸件的生产。

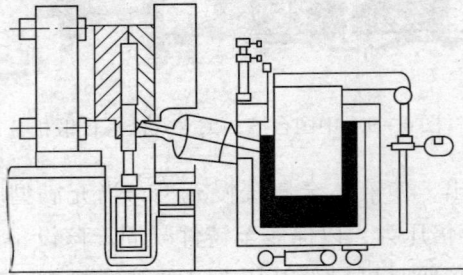

图 4 – 10　东芝液锻机的电磁泵封闭浇注系统

目前，全国范围大致有约 200 台液态模锻机在服役，其中 80% 是通过油压机或压铸机改装的，其下顶缸挤压力分别为 240 kN、630kN、1000 kN、1500kN、2000kN，最大达到了 3000kN，主缸合模力分别为 2000kN、3150kN、5000kN、8000kN、10000kN、12000kN、15000kN，最大达到了 30000kN。值得注意的是，我国通用立式液压机中，顶出缸活塞只用于推料，其速度不能调节，且随阻力的升高而下降，不可控制。因而，难以满足高质量复杂铸件液态模锻的要求。这些改进型液锻机主要是改进其油路，将其原"顶出缸"油路系统改造成真正意义上的挤压（压射）系统。

图 4 – 11 所示是我国改装的立式液态模锻机[3]。它由上梁、工作台、滑块、立柱、调整螺母、锁紧螺母、打料机构、主缸、顶出缸等组成，机器精度由调整螺母及紧固于上梁上端的锁紧螺母来调整，滑块依靠四立柱导向上下运动。打料机构由打料杆、

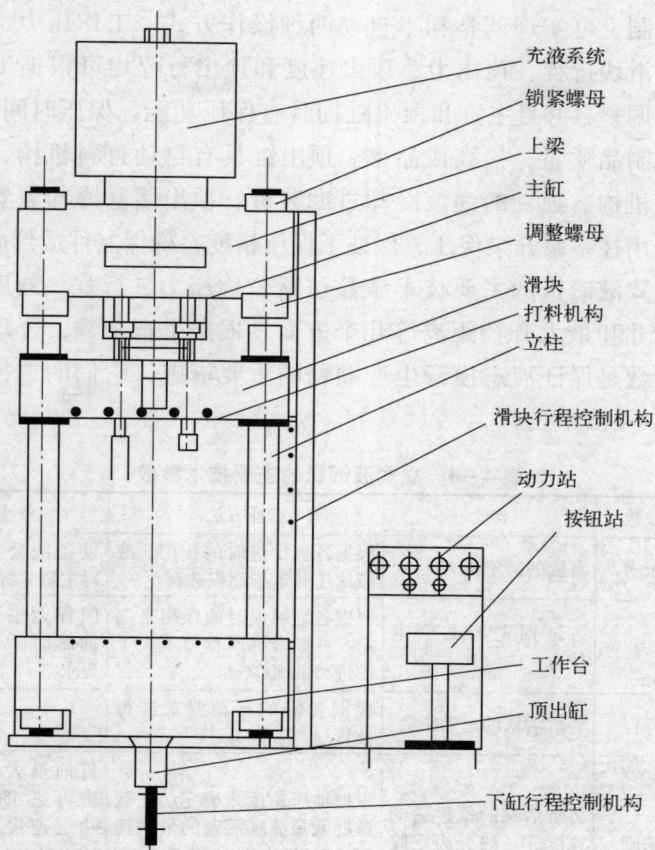

充液系统

锁紧螺母

上梁

主缸

调整螺母

滑块

打料机构

立柱

滑块行程控制机构

动力站

按钮站

工作台

顶出缸

下缸行程控制机构

图 4-11　通用液压机改装的立式液锻机

导套、弹簧等组成，打料杆打料后靠弹簧力自动复位。主缸安装在上梁中心孔内，主缸尾部装有充液阀，充液阀用于主缸上腔的充液、排油和保压。顶出缸安装在工作台内，并在工作台中心大孔镶套铣槽加防转连杆防转。控制机构包括液压动力站及电气控制系统。其液压系统采用国内先进的插装阀集成控制系统，电气控制采用"PLC"控制技术，对成形周期中的每个阶段均能进行有程序的控制，可实现调整和半自动两种操作方式。工作压力、快下速度、滑块行程、顶出力、顶出速度和顶出行程均可根据工艺需要进行调整，并且主缸和顶出缸均具有保压功能，保压时间可调，可确保制品质量，提高成品率。顶出缸具有自动打料机构、活塞杆防转机构、独立的油液冷却过滤装置、顶出活塞冷却装置。顶出缸采用柱塞泵开泵保压，保证了保压精度，确保制件成形质量。

　　立式液锻机的主要技术参数包括公称压力、行程、速度、工作台尺寸和最大开档距离等几个方面。根据生产纲领，合理选择这些参数是保证液态模锻生产顺畅的重要措施，它们的选择原则如表 4 - 4 所示。

表 4 - 4　立式液锻机的主要技术参数

技术参数	含义	选择方法	备注
公称压力	各缸的额定压力	根据各缸推进时的作用、液锻比和承压面积选择	设备的公称压力以主缸来标称
回程力	各缸回退时的额定拉刀	根据各缸回退时的作用来选定，一般来说回程力不大于推进力的50%	回程力主要用于抽芯时才做特殊要求
推进行程	各缸活塞的运动距离	根据各缸的运动要求进行核算	
推进速度	各缸活塞的推进运动速度。一般分为空载速度和功进速度两种	根据加压速度来确定。空载速度就是油缸活塞的最快速度，功进速度是指进行充型、补缩和塑变需要的速度	目前最大空载速度可达450mm/s。功进速度一般在10 ~ 50mm/s 范围内可调。速度越大，功率越大
回程速度	各缸活塞的回程运动速度。一般分为空载速度和功进速度两种	根据工件要求的液锻周期来计算	一般不需可调
工作台尺寸	工作台的有效尺寸，即可以安装模具的最大尺寸	根据模具的最大轮廓来确定。一般都参照通用液压机的标准工作台尺寸系列来选择	
最大开档距离	活动横梁下平面距工作台上平面间的距离	根据模具闭合高度和浇注时的开模距离确定	开档越大，设备地上部分的高度越大

4.3.2 卧式液态模锻机

卧式液态模锻机类似于压铸机。它可以在通用卧式压铸机基础上，将其压射系统做适当调整，并垂直装在模具下方的机座上，以实现立式挤压就可以了。但需要解决的是液态金属的浇注方法问题。

日本宇部兴产公司的卧式液态模锻机已经生产合模力分别为 1400kN、2500kN、3500kN、5000kN 和 8000kN 六种规格产品，其合模机构采用曲肘机构。可在 30 ~ 1500mm/s 范围内分三段调速。它也配有自动浇注、自动喷涂、自动取料系统，并配有独立的液压系统，可实现模具的抽芯、分型、二次补压及冲料饼等操作。而上述的全部过程均由计算机编程，并进行精确控制和重要工艺参数的显示，以确保生产过程中工艺参数的稳定性。此外，设备还配有快速模具更换、模具的液压锁紧、模具加热及水冷配套装置。因而，系统设置是比较完善的，如图 4 – 12 所示。

图 4 – 12 宇部 HVSC 卧式液态模锻机

卧式液锻机的主要技术参数及其选择与立式液锻机类似，只是立式液锻机的工作台在这里称为型板。卧式液锻机的主要技术参数与立式液锻机类似，只是其具体含义略有不同。它们的选择原则如表 4 - 5 所示。

表 4 - 5　卧式液锻机的技术参数

技术参数	含义	选择方法	备注
公称压力	各缸的额定压力	根据各缸推进时的作用、液锻比压和承压面积选择	设备的公称压力以主缸来标称
回程力	各缸回退时的额定拉力	根据各缸回退时的作用来选定，一般来说回程力不大于推进力的50%	
推进行程	各缸活塞的运动距离	根据各缸的运动要求进行核算	
推进速度	各缸活塞的推进运动速度。一般分为空载速度和功进速度两种	根据加压速度来确定。空载速度就是油缸活塞的最快速度，功进速度是指进行充型、补缩和塑变需要的速度	目前最大空载速度可达450mm/s。功进速度一般在10 ~ 50mm/s 范围内可调。速度越大，功率越大
回程速度	各缸活塞的回程运动速度。一般分为空载速度和功进速度两种		一般不需可调
型板尺寸	工作台的有效尺寸，即可以安装模具的最大尺寸。也就是水平导杠的内间距	根据模具的最大轮廓来确定。一般都参照通用液压机的标准工作台尺寸系列来选择	
最大开档距离	活动横梁下平面距工作台上平面间的水平距离	根据模具闭合高度和浇注时的开模距离确定	开档越大，设备水平方向的总长度越大

4.3.3　混合式液锻机

　　所谓混合式液锻机是指同时具有立式和卧式功能的液压机。日本东芝公司开发了一种卧式合模、立式挤压的 DXHV 液态模锻机，如图 4 - 13 所示。目前已生产的这种机型有锁模力为 3500kN 和 5000kN 两种，其合模机构均为曲肘式。其性能参见表 4 - 6。

图 4 - 13　东芝 DHXV350CL - T 型卧式液态模锻机

表 4 - 6　日本东芝 3500kN 混合式液锻机性能参数

项　目	性能参数
锁模力/kN	3 500
拉杆间距/mm	650 × 650
模具最大(小)厚度/mm	700(300)
挤压缸压射力/kN	100 ~ 430
挤压活塞行程/mm	250
挤压活塞速度/(mm/s)	50 ~ 1 500
挤压活塞直径/mm	70, 80, 90, 100
顶出力/kN	1 900
顶出行程/mm	20 ~ 90
电磁泵最大供铝能力/(kg/s)	3

宇部、东芝和布勒三家公司的液锻机合模力规格存在很大差异，如表 4 - 7 所示，选用时要格外注意。

表 4-7　三家典型企业的液锻机合模力规格

厂家	系列	类型	合模力 kN	占地面积
宇部兴产	VSC	立式	3150、5000、6300、8000、15000、18000、25000、35000	少
	HVSC	混合式	1400、2500、3500、5000、6300、8000	较少
东芝	DXH	卧式	3430、34300	多
	DXV	立式	1323、2450、4900、9800、14700	少
	DHXV	混合式	3430	较少
布勒	Vision Evolution Classic	卧式	2600～42000	多

4.3.4　液锻机关键参数的选择计算

液锻机的关键参数主要是油缸参数、结构参数和电气参数三大方面。油缸参数主要是各油缸的力、速度和形程。结构参数主要是设备轮廓尺寸、工作台面有效尺寸和与模具的连接结构与尺寸。电气参数主要是功率和供电制度。

1. 油缸力的计算

液锻机的油缸力是由液压系统的比压与油缸活塞面积决定的。根据不同油缸的作用，可以根据工艺要求计算各缸缸力。这一缸力可能是合模力，也可能是液锻挤压力，还可能是抽芯拉力。

以提供锁模力为主的油缸称为锁模缸。一般来说，液锻机的合模缸缸力最大，因此称为主缸。主缸的缸力必须大于液锻过程所需的锁模力。锁模力是保证挤压过程模具始终闭合的关键参数。参考文献[2]给出了一个经验公式：

$$P = (4 \sim 5)P_0 \qquad (4-1)$$

由式(4-1)会给人一个错觉，锁模力是由液锻力决定的。实际上，真正决定锁模力的因素是合金熔体受到的比压和分模面处合金熔体与上模的接触面积。对于直接下挤条件下的液态模锻来说，液锻力就等于锁模力。但对于间接下挤条件下的液态模锻而言，液锻力与锁模力差别很大。液锻力等于合金熔体的比压与下压头横截面积的乘积，而锁模力是合金熔体的比压与型腔沿分模面的投影面积的乘积。比压是已知的工艺要求值，根据工件的浇注位置就可以方便地得到型腔的投影面积，进而按式(4-2)计算出锁模力：

$$F_c = kpA_1 \qquad\qquad (4-2)$$

式中，p 是保压期间的比压；A_1 是型腔沿分模面的投影面积；k 称为安全系数，是考虑到实际生产中型腔在刚刚充满的瞬间，合金熔体对模具有一个冲击力而取的修正系数，其值取 $1.1 \sim 1.3$ 即可。

以提供液锻力为主的油缸称为液锻缸或挤压缸，挤压缸可以是主缸，也可以是辅助缸、下缸或侧缸。液锻缸的缸力计算与合模力计算类似。但是，其承压面积取挤压压头的横截面积。

油缸除了推进力外，还有一个力参数是油缸的回程力。油缸的回程力通常用来提供脱模、抽芯所需的拉力。脱模力包括抽芯力和顶件力两种。通常认为抽芯力是挤压压力的 0.05 倍，而顶件力是挤压压力的 0.03 倍[3]。在钢铁材料的液态模锻中，由于芯棒温度较高，摩擦系数较大，抽芯力远大于这个经验值。特别是当芯棒本身就是一个挤压头的情况下，抽芯力会更大。详细计算可以根据第 2.2.3 节提供的式(2-1)计算。

不需要抽芯或脱件的油缸的回程力可以不做特殊要求。回程力的大小等于液压系统的比压与油缸内截面积 $A_{缸}$ 与活塞杆横截面积 $A_{杆}$ 之差的乘积：

$$F_{回} = p(A_{缸} - A_{杆}) \qquad\qquad (4-3)$$

2. 油缸的活塞运动速度和行程

油缸活塞的运动速度决定了金属液的运动速度和加压速度。

为了缩短开始加压时间，通常空载速度要求大于 300mm/s。而为了防止喷溅，压头接触金属液后的速度要求较慢，一般为 10 ~ 50mm/s 即可。为了适应不同工件的液锻需要，通常要求功进速度分档调节或连续调节。

各油缸活塞的行程设计要根据油缸的作用来进行。一般来说，其行程要大于工艺要求值，通常取工艺要求行程的 1.15 倍。工艺要求的行程等于沿运动方向的模腔深度与自由距离的和。

3. 结构参数与电气参数

液锻机的轮廓尺寸直接影响液锻机的造价。所以，要根据产品范围和工艺要求，合理确定设备的轮廓尺寸。其基本要求是，设备的地上部分总高度要小于天车的钩下高度，以便进行吊装。

液锻机的工作台面尺寸决定了可以安装的最大模具尺寸。而模具的最大尺寸是根据产品范围进行模具设计后确定的。所以，应当首先进行最大工件的模具设计，根据设计图纸，参照工作台面的系列尺寸进行选择。

此外，液锻机油缸的活塞需要与模具的零件进行连接后才能发挥作用。这种连接结构需要在模具设计和压机选型中综合考虑。常见的连接形式有螺钉连接、法兰盘连接和螺纹连接三种。一般来说，螺钉和螺纹连接结构简单，可以首选。但是要有定位结构，以保证同轴度要求。法兰盘连接主要用于大型活塞。同时，还要设置活塞杆的防转结构，以便保证异型压头的方位不会在工作过程中发生变化。

液锻机的开档距离应大于模具闭合高度与操作空间的高度之和。一般来说操作空间的高度不小于 500mm。

液锻机的电气参数主要有功率和供电制度。一般来说，液锻机的供电制度可以采用三相四线制。液锻机功率要根据车间电力容量提出一个最大限制，由液锻机生产厂家进行优化设计。

4.4　浇注机

　　液态模锻过程的浇注是很关键的一步。所以，浇注机是液锻车间的重要设备。浇注机分为简易浇注机和全自动浇注机。

　　全自动浇注机可以实现浇注量和断流时间的自动控制，如图4－14 所示。在铜（铝）铸造生产线上使用普通浇注机进行浇注时，从浇注机出口到铸模的进口有一段距离，靠人工控制浇注量很难实现，浇注时的流量和断流时间波动较大。断流早了模具没有灌满，断流晚了造成铜铝水的浪费，控制浇注流量是提高铸件质量的有效方法，控制铜（铝）浇注的断流时间是节约铜（铝）水的关键技术。全自动计量浇注机由中间浇注包、翻转机架、步进电机推进装置、重量和位移传感器和 PLC 控制柜组成。中间浇注包是一个形状类似混凝土料斗的容器，水平放置时包内可储存铜水，翻转时铜水从缩口流出。中间浇注包作用是储存铜水，称重后供给浇注。翻转机架用于承托中间浇注包，用步进电机推进器可控制翻转角度，从而可控制浇注铜水的流量。步进电机推进器是用步进电机推动螺杆推进器，可以开环控制推进器的推进长度。用步进电机推进器作为翻转机架的翻转动力，可以精确控制机架的翻转角度。在浇注机上设置了两个重量传感器和一个位移传感器，两个重量传感器用于精确计量中间浇注包内铜（铝）水的重量，计量精度可达到 0.1%，可以计量包内铜（铝）水的总重量，也可以计量浇注时流出铜（铝）水的单位时间内的流量；位移传感器可以计量推进器推进长度，从而计量翻转机架的翻转角度。PLC 控制柜由触摸屏和 PLC 控制器组成，是全自动计量浇注机的控制核心，接收来自传感器的信息，精确控制翻转架的角度，实现浇注机的全自动控制。

　　全自动计量浇注机与常规浇注机相比，具有精确计量浇注量和自动断流的特性，可以实现按工艺需要的单位时间流量进行浇注。全自动计量浇注机具有精确显示并控制中间浇注包翻转角度的功能，通过控制翻转角度实现控制浇注流量。对于定型产品可以按设定的浇注流量曲线进行全自动浇注，如果生产线有大量的定型产品待浇注，可以编程设定浇注曲线，浇注机则按浇注曲线全自动完成浇注。全自动计量浇注机对已经完成的工作有日报表、月报表、年报表统计打印功能。

目前这种浇注机只用于有色金属，对于钢铁一类的高熔点合金的全自动浇注机还在研发中。

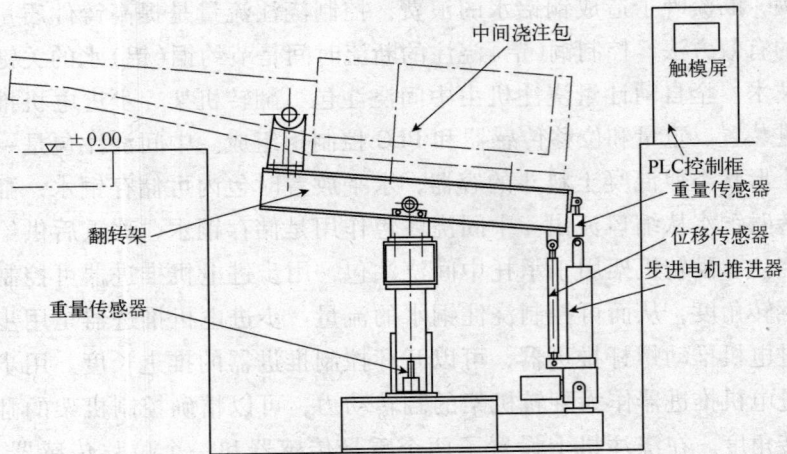

图 4 – 14　全自动浇注机

4.5　取件机

液态模锻的取件机可以用常规模锻车间或压铸车间的取件机代替。图 4 – 15 所示是压铸车间的取件机，它采用中文人机界面触摸屏，方便对各种参数进行设定，对机器状态进行实时监控并带故障自诊显示功能，操作和维护都非常方便。可以单动，也可与压铸机、喷雾机连线全自动生产。也可选择手臂前进等待功能，使夹取速度加快，增加成品生产速度；也可选择手臂前进等待功能与模前待机功能同时使用，使夹取成品速度缩短，提高单日成品；可分前夹、后夹，使夹取更方便使用。可外加手臂自动升降装置，可与冲床连线自动去除毛边，减少人力资源浪费；采用 PLC 控制线路以及人机界面，具有故障码显示功能，使维修更加方便。采用伺服控制夹取产品更加平稳，控制精度达到 0.001mm。

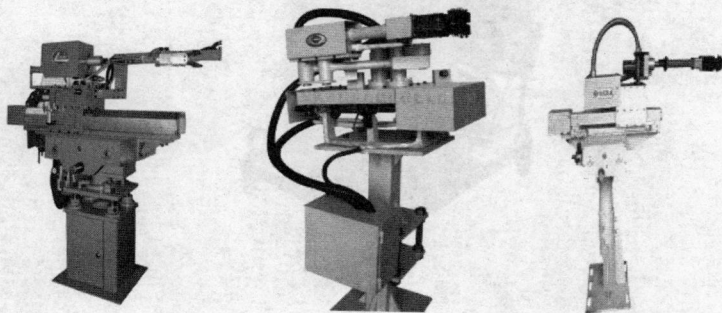

图 4-15 取件机示例

4.6 涂料喷涂设备

目前还没有液态模锻的专用涂料喷涂设备，基本都是借用普通铸造或压铸生产的喷涂机或者是建筑涂料喷涂机。

涂料喷涂机分为有气喷涂机和无气喷涂机两大类。图 4-16 所示是一种国产有气涂料喷涂机。它需要使用压缩空气，全部采用气动设计，工作过程安全稳定。整套系统可以通过输入气体的流量来控制搅拌速度以及喷涂速率。喷涂效率高达 $500 \sim 1200 m^2/h$，喷涂涂层平整、光滑、致密、无刷痕、滚痕和颗粒。适用于石墨酒精涂料、石英粉酒精涂料及锆英粉涂料等。

图 4 – 16   有气喷涂机

高压无气喷涂是一较先进的喷涂方法，如图 4 – 17 所示。其采用增压泵将涂料增至高压（常用压力 60 ~ 300kg/cm²），通过很细的喷孔喷出，使涂料形成扇形雾状。在喷大型板件时，可过 3 ~ 5m²/min，并能喷涂较厚的涂料，由于涂料里没有混入空气以及具有较高的涂料传递效率和生产效率，从而在墙体和金属表面形成致密的涂层，使无气喷吐表面质量明显地优于空气喷涂。无气喷涂机的喷枪不需要空气，选用大功率大排量机型，涂料或油漆不用稀释，节约稀释剂，直接降低生产成本。电动或汽油引擎液压式喷涂机可喷腻子、滑石粉、100% 固体分料、厚浆涂料、沥青涂料等超厚涂料。

此外，也可以使用喷涂机械手完成喷涂操作。喷涂机械手的结构原理如图 4 - 18 所示。它与喷涂机不同的是，喷头由气缸带动，实现水平方向的进退，而高向位置由调整杆调节。这种机械手作为液锻辅助设备安装在液锻机周边，可以用来喷涂冷却液、脱模剂、涂料及吹扫模腔。

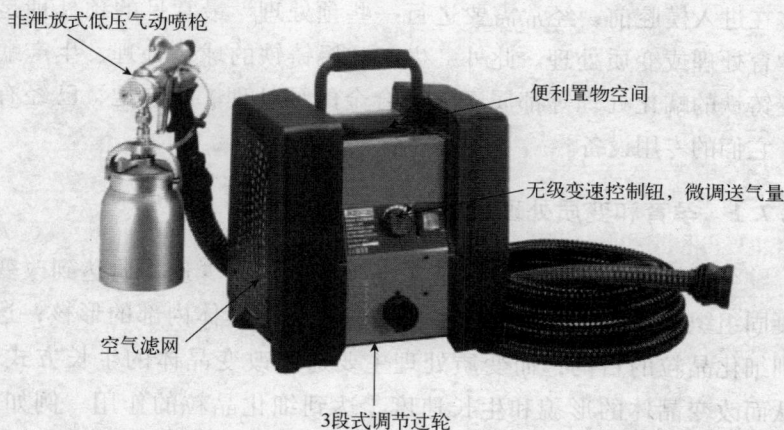

图 4 - 17 无气喷涂机

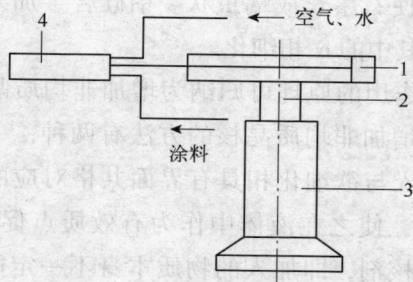

图 4 - 18 喷涂机械手

1—气缸；2—调节杆；3—支座；4—喷头

4.7　金属液预处理设备

为了控制凝固行为获得理想的组织结构和性能，液态合金熔体在进入模腔前，经常需要进行一些预处理。最常见的预处理是孕育处理或变质处理。此外，生产球墨铸铁的球化处理、生产蠕墨铸铁的蠕化处理等都属于液态合金的预处理。相应地，已经有了它们的专用设备。

4.7.1　孕育和变质处理设备

孕育处理和变质处理都是在金属液中加入少量物质达到改变凝固组织的目的。孕育处理主要是通过促进液体内部的形核，达到细化晶粒的目的；而变质处理主要通过改变晶体的生长方式，从而改变晶体的形貌和生长速度，达到细化晶粒的作用。例如，灰铸铁生产中加硅铁进行变质处理，控制其中的石墨形态；球铁生产中通过加入球化剂使石墨以球形生长；蠕墨铸铁生产中通过加入蠕化剂可以使石墨长成蠕虫状。铝硅合金加入锶、钙、稀土等变质剂可以使其中的 α 相细化。

孕育和变质作用的原理可归纳为增加非均质晶核和改变界面稳定性两大类。增加非均质晶核的方法有两种，一种是在浇注时向金属液流中加入与欲细化相具有界面共格对应的高熔点物质或同类金属的碎粒，使之在液体中作为有效质点促进非自发生核；另一种是加入生核剂，即加入的物质本身不一定能作为晶核，但通过它们与液体金属中某些元素的相互作用，能产生晶核或有效质点，促进非自发生核。这种生核剂可分为两类：一是少量元素能与液体中某元素（最好是细化相原子）组成较稳定的化合物，此化合物与欲细化相具有界面共格对应关系，就能促进非自发生核。二是少量元素能在液体中造成很大的微区富集，迫使结晶相提前弥散析出。

改变界面稳定性的技术途径主要是采用成分过冷元素作为变质剂，这些元素的特点是熔点低，能显著降低合金的液相线温度，在合金中固溶量很小（$k \leqslant 1$）。这类元素在晶体产生时，富集在相界面上，既阻碍已有晶体生长，又能形成较大的成分过冷促进生核，同时又使晶体的分枝形成新的缩颈，易于熔断脱落，形成新的晶核。

由于孕育和变质处理效果会随时间的延长而发生变化，根据孕育剂的衰退特性，可以采用炉内变质、流槽孕育、型内孕育等多种方式。炉内变质处理主要用于长效变质剂，流槽孕育和型内孕育或变质则主要用于快速变质剂。

孕育和变质处理不需要专门的设备，一般都是根据生产现场情况，自制一些专用工具来实现。

4.7.2　球化处理设备

铸铁中的石墨通常是片状的。但是，通过球化处理可以得到球状石墨，这种铸铁称为球墨铸铁。球化处理就是通过加入球化剂，对铁水进行预处理，实现石墨球状化，是生产球墨铸铁的一种预处理技术。这种预处理技术的关键有两点：一是球化剂的选用；二是球化处理的工艺方法。

镁和稀土都有促进铸铁中石墨球化的作用，常见的球化剂如表 4-8 所示。可见，各种球化剂的差别主要是稀土和镁的含量不同。其中，YCeSiFeMg3-8 球化剂主要用于球铁件生产流水线上，球化处理后在保温浇注炉中存放 30~60min；其中的 Ca、Ba 与 Re、Mg 含量可按用户要求特殊加工。产品料度通常在 5~25mm 范围，常用包装为 25kg。

表4-8　常见球化剂及其适用场合

| 规格牌号 | | 主要化学成分(%) | | | | | | 使用条件 | | | |
规格	牌号	Re	Mg	Si	Al	Ca	Ba	适用铁水种类	处理温度/℃	原铁水含S/(%)	适用于球铁牌号
普通型	ReSiFeMg5-10	4~6	9~11	38~44	≤1.5	适量	-	冲天炉	1420~1460	≤0.08	QT500-7 QT600-3
	ReSiFeMg7-8	6~8	7~9	38~44	≤1.5	适量	-	冲天炉	1420~1460	≤0.08	QT500-7 QT600-3
铁素体型	ReSiFeMg3-8	2.5~3.5	7~9	38~44	≤1.5	适量	适量	冲天炉与电炉	1440~1520	≤0.08	QT400-18 QT450-10
	ReSiFeMg2-7	1.5~2.5	6~8	38~44	≤1.5	适量	适量	电炉	1440~1520	≤0.04	QT400-18 QT450-10
	ReSiFeMg1-6	0.5~1.5	5~7	38~44	≤1.5	适量	适量	深度脱硫铁水	1440~1520	≤0.015	厚大断面球铁专用
珠光体型	ReSiFeMg3-8	2.5~3.5	7~9	38~44	≤1.5	适量	适量	冲天炉与电炉	1420~1470	≤0.08	QT600-3 QT700-2
	ReSiFeMg2-7	1.5~2.5	6~8	38~44	≤1.5	适量	适量	电炉	1440~1520	≤0.04	QT600-3 QT700-2
	ReSiFeMg1-7	0.5~1.5	6~8	38~44	≤1.5	适量	适量	电炉	1440~1520	≤0.015	厚大断面球铁专用
钇基重稀土型	YReSiFeMg4-8	Y3~5	7~9	38~44	≤1.5	适量	适量	冲天炉	1420~1470	≤0.08	适用于对本体组织性能要求较高的铸件及厚大断面铸件
	YReSiFeMg2-8	Y1~3	7~9	38~44	≤1.5	适量	适量	电炉	1440~1520	≤0.02	
钇铈复合稀土型	YCeSiFeMg5-8	4~6	7~9	38~44	≤1.5	适量	适量	冲天炉	1420~1470	≤0.08	
	YCeSiFeMg3-8	2~4	7~9	38~44	≤1.5	适量	适量	流水线	1420~1500	≤0.04	
	YCeSiFeMg1-8	0.5~1.5	7~9	38~44	≤1.5	适量	适量	电炉	1440~1520	≤0.0	

　　常见的球化处理方法主要有冲入法、压力加镁法、喂丝法、盖包法等。

压力加镁法是 20 世纪 50 年代开始采用的一种球化处理方法。所用的球化剂是纯金属镁。由于镁的沸点很低，球化处理时容易在铁液中发生剧烈的反应，镁的吸收率很低。而当镁周围介质的压力增加时，镁的沸腾温度相应提高，镁的烧损减少，镁的吸收率提高。压力加镁就是利用这个原理进行球化处理的。加镁处理有两种建立压力方法：外加压式和自建压力式。早期使用的外压式，是将盛满铁液的铁液包放在密闭的压力罐内，通过压缩空气或氮气来建立所需的压力。另一种方法是利用镁蒸汽在铁液包内自建压力，后者是把纯镁加入密封的铁液包内，镁在铁液包内迅速产生大量镁蒸汽，此蒸汽通过铁液时一部分被铁液吸收，另一部分逸出并迅速在包内空间建立起与铁液温度相应的饱和蒸汽压，这时镁就不再沸腾汽化而损失了。压力加镁法球化处理的优点是，镁的吸收率可达 70% ~ 80%；处理过程中的劳动环境较好。其缺点是，设备费用比较高；操作复杂、严格；处理时间长、铁液降温多；球化处理时压力大，容易发生工伤事故。所以，现在用得越来越少。

冲入法球化处理是目前在国内外应用最广泛的球化处理方法。冲入法使用含镁量较低的合金球化剂，以减缓铁液和镁之间反应的激烈程度以及减少镁蒸汽的挥发速率。所使用的处理包通常是堤坝式浇包。球化处理时，首先将球化剂装入堤坝一侧，上面覆盖硅铁合金，稍加紧实，然后再覆盖无锈铁屑或草灰、苏打等覆盖剂。铁液温度过高时可盖铁（钢）板。处理时，应尽可能地将铁液一次冲入铁液包的另一侧，一般先注入铁液总量的 2/3 或 3/4，等反应基本结束后，再补加余量铁液，同时进行随流孕育，然后将渣扒除。冲入法球化处理中，镁的吸收率一般为 30% ~ 50%。为了提高球化效果，可以从以下几个方面进行改进：①提高处理包高度和直径的比值，建议达到 1.8 ~ 2.2；②降低球化剂中的含镁量，采用低镁合金球化剂；③合理的铁液温度和覆盖剂量。这种方法的优点是处理方式和设备简单，容易操作，在生产中有较大的灵活性，所需的技术含量也较低，但球化处理过程中镁光、烟尘污染较严重，镁的吸收率较低。

转包法(也称 G. F 法)是欧洲应用较广泛的一种球化处理方法。该球化处理工艺使用纯镁作球化剂，适于处理含硫高的铁液，能使镁的硫化物、硅酸镁等杂质与铁液较好地分离，镁与铁液反应不很剧烈，铁液温度降低较少，使用安全，镁的吸收率可达 60% ~ 80%。球化处理前，先将转包横卧，注入定量铁液，然后将球化剂加入反应室，锁紧密闭装置，并盖上包盖。球化处理时，转动铁液包将其立放，这时铁液通过反应室上的小孔进入反应室，其流速与小孔的面积和铁液包内的静压力有关。镁受热汽化，在反应室内形成镁蒸汽压，当压力超过包内铁液静压时，铁液暂停进入，镁的汽化潜热使反应室内温度下降，蒸汽压力也随之下降，铁液再次进入反应室，这种自动调节作用能使镁比较平衡地与铁液反应。转包法球化处理过程中会产生较大镁光和烟尘，并且转包内反应室的小孔易被铁液或熔渣堵塞，清理和保持小孔的尺寸比较麻烦，使其难于连续处理铁液。

包芯线喂线法(也称喂丝法)起初在 20 世纪 70 年代应用于精炼钢液，80 年代后期，德国、美国开始将该技术应用于铸造行业。喂丝法生产铸铁件，简单来说，就是将包有合金元素的包芯线直接插到铁液中，来生产球铁、蠕铁以及孕育铸铁。喂丝机可以预置喂丝速度、喂丝长度等参数，整个球化处理过程可以完全自动化。包芯线直径一般为 13mm。国外起初用纯镁和硅铁的机械混合材料作为球化剂，目前也在改用高镁合金，一般含镁量在 25% ~ 30%，合金重量占线重量的 60% 以上。国内生产的高镁合金包芯线，还加入一定量的 Re、Ca、Ba、Sb 等，适合于生产铸态高强度或高韧性球铁。球化处理时，用喂丝机将合金包芯线连续不断地插到加盖包内铁液中，由于铁液高度的压力作用和包盖隔断空气的有效流动，再加上合金包芯线是以一定速度的连续插入，这样既可避免镁蒸汽的瞬间大量爆发，保证高镁合金的安全加入，又可避免镁的大量逸出和烧损，提高镁在铁液中的吸收率。

包芯线喂丝球化处理的优点是：脱硫脱氧效果好，降温少，放宽了对原铁液的要求；镁的吸收率高并且比较稳定，残镁量波动范围窄；渣量少，渣碱度高；减少了处理过程的烟尘和镁光；可以实现合金添加量精确和自动化作业。因此，喂丝工艺是一项很有发展前景的新技术。但是该工艺受喂丝机、包芯线质量以及喂线工艺等因素的影响较大。

盖包法是由英国铸铁研究协会发明的。近年来在国外球铁生产中的应用日益增加。盖包是在堤坝式铁液包上加一个带有浇口盆的封闭盖。盖包球化处理时，合金的加入与冲入法相同，然后将包盖安放在铁液包上并使其周边密封好，将铁液注入包盖，铁液会通过包盖一侧的注孔（不得直接对准合金堆放处）流入包内。这样，可使外界的气体与包内完全隔离，减少镁的氧化、烧损，提高镁吸收率（一般在 60% ~65% 以上），改善劳动环境。球化反应结束后，去除包盖。盖包法球化处理既保留了冲入法设备简单、容易操作的优点，又克服了冲入法中镁氧化烧损严重、吸收率低、球化剂消耗量大、劳动环境差等缺点。盖包法的主要不足是：①包盖起吊困难，操作难度较大；②在使用冲天炉连续出铁时，铁液重量难以精确量化。经过不断完善，目前既解决了包盖起吊问题，又解决了铁液定量问题，为该工艺的普及应用奠定了基础。并且由冲入法改为加盖法时，只需在冲入法球化包上添加一个包盖，其他生产结构和原料基本不用做任何调整，符合我国国情，容易在工厂推广。

4.7.3　过热处理设备

近 20 年以来，随着凝固技术和对合金熔体结构认识的不断发展，合金熔体结构对最终凝固组织的影响越来越受到重视，人们已逐渐认识到合金熔体的结构对材料的组织、性能有着直接的影响和重要的作用，对凝固过程的研究已经逐步延伸到凝固开始前的液态金属结构对凝固组织的影响上来。合金的熔体结构不仅与合金的成分有关，也与合金熔体的温度和热历史有关。熔体过热处理就是通过对熔体结构和物理化学性质的研究，选定最佳熔体过热处理工艺参数，使熔体形成具有均匀结构的处理工艺，其实质就是根据熔体结构与温度、时间的对应关系及其在冷却和凝固过程中的演化规律，通过适当的熔体过热处理工艺来获得对合金性能最有利的熔体结构并控制其变化进程。适当的熔体过热处理能在很大程度上改善、细化组织和提高综合力学性能，已被逐渐认识并得到一定应用。

根据非平衡热力学理论：一个热力学定态是温度、压力等的函数，当某一体系从一个定态到另一个定态时需要一定的弛豫时间，并且缓变过程与急变过程将沿循不同路径。若过程进行时间 t 大于系统弛豫时间 τ，则认为此过程是整体平衡的；若 t 小于 τ 而大于局域过程的弛豫时间，则认为过程是局域平衡的；若 t 小于 τ，则过程是完全非平衡的。熔体过热处理实质上应用了这一理论，将液态合金过热到某一较高温度保温，达到稳定状态后控制冷却速度（过程进行时间），使高温熔体的优良结构得以保留至低温，为改善固态组织创造条件。

目前的熔体过热处理技术主要有简单过热法、循环过热法、热速处理法和混熔法。这些预处理方法不需专用装备，只是对传统熔炼设备进行必要的改造即可。

（1）简单过热法，即将熔体过热到较高温度，保温一段时间后直接浇注。该方法控制的主要参数是过热温度和保温时间。简单过热法由于控制的参数较少，易于实际操作，是一种应用较广泛的方法，但该方法仅把合金熔体高温过热然后直接浇注，会造成合金熔体在铸型中凝固缓慢，难以将高温熔体的优良结构保留到固态合金中，且容易形成疏松、缩孔等铸造缺陷。

（2）循环过热法，即将熔体在一定温度区间内循环往复加热冷却，其控制的参数主要是加热温度区间的选择、循环次数和保温时间。循环过热法由于控制参数较多，造成处理过程较繁琐，应用较少。

（3）热速处理法，把熔体加热到液相线以上一定温度，然后通过一定的工艺将熔体迅速冷却到浇注温度进行浇注的铸造工艺，控制的主要参数为过热温度、熔体冷却速度和浇注温度。热速处理法使高温熔体迅速冷却至低温浇注，最大程度地把高温时的组织结构保留至低温，有效地改善了合金组织、提高力学性能，但将高温熔体快速冷却到低温，在工艺上较难实现。

（4）混熔法，将高温熔体与低温熔体快速混合，控制的主要参数是低温熔体温度、高温熔体温度和混合后的静置时间。在混熔法中，高温熔体被急冷，低温熔体被急热，使混合熔体在微观结构上呈现一种具有较大温度起伏、能量起伏和成分起伏的非平衡状态，这种方法广泛应用于非真空冶炼中并取得了良好的效果，但不易在真空冶炼中实现。

关于熔体过热温度对凝固组织的影响有两种不同的理解，一种观点认为在熔体温度较低的条件下，熔体结构仍将保持与固相结构相类似的特点。当升高到一定温度时，熔体转变成为无序状态。同时当降温冷却时，这种反向转变进行得相当缓慢，当熔体从高温开始降温凝固时，这种无序的高温熔体结构就容易保持到固态结构中。另一种观点从热力学角度出发，认为熔体过热使组织细化是自发结晶的结果。这种观点认为熔体是由多相态组成，特别是在液相线温度附近，当熔体温度较低时，熔体中存在许多可以形核的多相组织质点。随熔体过热程度的增大，会导致作为结晶质点的多相组织的溶解和活性降低，熔体逐渐变得均匀化。因此，作为结晶质点的多相组织在少量过热条件下，结晶核心数量的减少导致熔体凝固后晶粒尺寸的增大；当熔体温度过热到某一特定温度后，熔体热力学过冷度的增大将导致自发结晶，使熔体凝固后晶粒得到细化。

熔体过热处理在 Al 基合金、Cu 基合金、Ni 基高温合金体系中的应用都证明，熔体过热处理对金属或合金的凝固组织和性能有着重要的影响，金属或合金经过过热处理组织变得更加均匀，冶金质量和综合力学性能得到不同程度的提高。熔体过热处理为改善材料性能提供了一种全新的思路和方法。

4.8　制芯设备

在生产具有复杂内腔零件的液态模锻车间内，一般还需要有制芯设备。制芯设备与芯的类别直接相关。液态模锻用芯大致分为可溶盐芯和可熔金属芯两大类。

可溶盐芯溃散性好，便于清理，可应用在金属铸造中，但在内腔形状复杂铸件的液态模锻过程中，现有的盐芯容易破碎，一般需要使用二元或多元盐芯，以提高其强度。其制造方法分为熔融铸造法和烧结法两种。熔融铸造法的工艺流程图如图 4 – 19 所示。熔融铸造法得到的盐芯强度可高达 80MPa，在液锻过程中一般不会开裂。

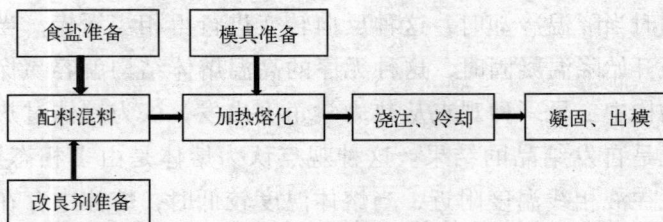

图 4 – 19　熔融铸造法制芯工艺流程

压制烧结法的工艺流程如图 4 – 20 所示。与铸造法不同的是省去了熔融环节，但增加了压制与烧结环节。

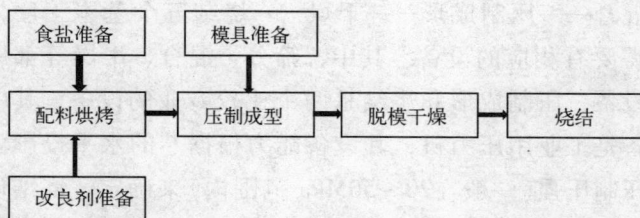

图 4 - 20　烧结法制芯工艺流程

　　还有一种盐芯制造方法称为压铸成型烧结法，它是将盐中加入 10% 的氧化铝增加其强度，加入 25% 的聚乙二醇增加其流动性，在较低的压力下 (2.5 ~ 3.5MPa) 压铸成型，脱模后为防止盐芯变形，将其放入专用胎模中自然干燥，干燥后再进行烧结。

　　在液态模锻用芯的制备中，关键问题是如何提高芯的强度。华南理工大学郑洪伟[4] 研究了用于铝合金液态模锻的高强度水溶性二元盐芯：$NaCl - Na_2SO_4$、$NaCl - Na_2CO_3$ 和 $Na_2CO_3 - Na_2SO_4$，以及陶瓷颗粒 (晶须) 增强 $NaCl$ 和 Na_2SO_4 复合盐芯。研究发现，二元盐芯表面粗糙度比单元盐芯的低，且 $NaCl - Na_2SO_4$、$NaCl - Na_2CO_3$ 二元系盐芯在工件凝固时会形成缩孔，而 $Na_2CO_3 - Na_2SO_4$ 二元系盐芯无缩孔；这些盐芯的抗弯强度不同，$NaCl - Na_2SO_4$、$NaCl - Na_2CO_3$ 二元系盐芯的抗弯强度比单元盐芯的高，在亚共晶成分或过共晶成分处，强度最高，可达 21MPa 左右；Al_2O_3 颗粒 (48 ~ 75μm) 增强 $NaCl$ 和 Na_2SO_4 复合盐芯表面存在折皱和凹凸，且 Na_2SO_4 复合盐芯折皱更多。颗粒的加入细化了复合盐芯等轴晶区晶粒。当颗粒加入量超过最大添加量时，复合盐芯会形成缩孔。Al_2O_3 颗粒含量增加，则 $NaCl$ 复合盐芯的线收缩率下降，Na_2SO_4 复合盐芯的线收缩率先下降后上升。Al_2O_3 颗粒的加入增加了复合盐芯的水溶时间，但复合盐芯的抗弯强度随增强体含量增加而增加。

　　无论二元盐芯还是复合盐芯，其制芯过程一般都包括筛分——混合——压制成形——干燥——烧结五个基本工序，相应地也就需要有相应的设备。其中，筛分、混合、干燥等都属于工业通用设备，压制成形和烧结是两个比较专业的设备。其中压制成形设备是工业用压力机，其设备能力根据芯的水平投影面积和需要的压制压强（一般在 20 ~ 50MPa 范围内）来确定。烧结设备一般都是电阻炉，其额定温度一般在 600℃ 以上，炉容大小根据生产批量确定。经过烧结后的盐芯强度应不低于 20MPa 以上，否则液锻过程容易压碎。

　　要从根本上提高芯的强度，可以使用熔点低于液锻金属的金属芯。在液锻时，金属芯不熔化，而液锻成形后利用液锻件的余热或加热使金属芯熔化流出，形成复杂内腔。这种制芯方法所需的设备根据芯的制备方法而定，可以是压铸机、消失模铸造机或低压铸造机等。

参考文献

[1] 齐丕骧. 挤压铸造设备述评[J]. 特种铸造及有色合金, 2010(4).

[2] 邓建新, 邵明, 游东东. 挤压铸造设备现状与发展分析[J]. 铸造, 2008, 57(7): 643 - 646.

[3] 李艳. 液态模锻液压机的研究开发与设计[J]. 机床与液压, 2002(6).

[4] 郑洪伟. 高压铸造用盐芯的研究[D]. 广州: 华南理工大学, 2010.

第5章 液态模锻产品质量和性能调控

液态模锻件一般是作为成形制造的毛坯来使用的，与铸件或锻件类似，其产品质量和性能包括的方面很多。本文系统介绍液锻件的主要质量指标、性能水平和废品形式，旨在进行液锻工艺设计时，采取有效措施，确保液锻件的质量和性能。

5.1 液态模锻件的缺陷与防治

与铸件和锻件类似，成形缺陷是液锻件最重要的质量特征之一。液锻件的常见缺陷有，成形不完整、缩孔缩松、气孔、裂纹、尺寸超差、表面粗糙6种缺陷，如表5-1所示。下面分别介绍它们的形式、形成机理和防治措施。

表5-1 液锻件常见缺陷一览表

缺陷类别	名称	主要特征
成形不完整	冷隔	工件某部位未能完整成形
	残缺	某模腔的工件未能完整成形
收缩缺陷	缩孔	因液态收缩和凝固收缩得不到补充，在液锻件最后凝固位置形成的空洞，边界不规则，有许多金属毛刺
	缩松	因液态收缩和凝固收缩得不到补充，在液锻件内部形成的疏松区域，显微观察可见边界不规则的小孔洞
	缩陷	因液态收缩和凝固收缩得不到补充，在液锻件表面形成的凹陷区域，凹陷区域的下方一般还有缩孔或缩松
裂纹	内裂	液锻件内部存在的裂纹
	外裂	液锻件外观可见的裂纹

5.1.1　成形不完整及其防治

成形不完整是液锻件的常见缺陷之一，其基本表现有两种：一种是工件的某些部位没有成形或成形不完整，如图 5 - 1a 所示，这种形式的成形不完整缺陷称为冷隔；另一种成形不完整缺陷的表现形式是在多腔液态模锻中，某个或某几个模腔的工件没有良好成形，甚至干脆没有任何金属充填，这种形式的缺陷称为残缺，如图 5 - 1b 所示。残缺缺陷在间接液锻中最为常见，而冷隔缺陷在直接液锻和间接液锻中都可以见到。

在间接液锻中，成形不完整缺陷主要有如下情况中的一种或多种：

（1）内浇道过长，金属液的沿程温度降过大；

（2）内浇道截面过小，金属液的沿程流动阻力过大；

（3）工件壁厚过小，金属液的充填阻力过大；

（4）液锻力过小，金属液的充型动力不足；

（5）排气不畅，金属液充型的反向压力过大；

在直接液锻中，成形不完整主要有如下情况中的一种或多种：

（1）浇注量不足或开始加压前的凝固层过厚，导致没有足够的金属液充满模腔；

（2）液锻力过小，导致金属液无法克服沿程阻力而停止流动；

（3）加压速度过慢，导致金属液降温过大，流动性显著降低；

（4）开始加压时间过长，导致初期凝固壳过厚、强度过高。

从力学的角度看，冷隔缺陷的形成机理是使金属熔体流动的动力小于金属熔体流动的阻力。其中，金属熔体流动的动力是液锻力，而充型阻力包括金属熔体的流变应力、模腔内气体的反压力以及金属熔体与模腔壁之间的摩擦力三方面。浇入模腔或压室内的金属液，将受到模具的冷却作用，温度急速降低，导致流变抗力随着时间的延长或流动距离的增大而沿程逐步增大，有效液

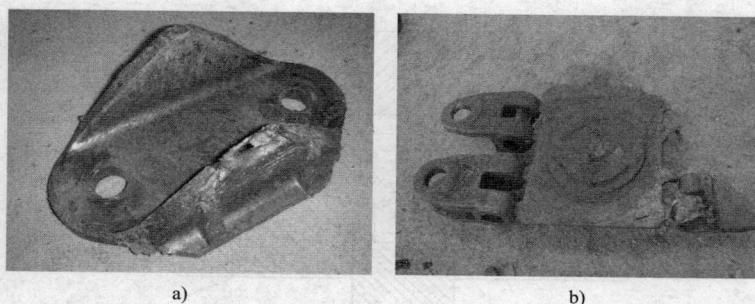

图 5 - 1 　成形不完整的液锻件

a)冷隔；b) 残缺

锻比压在沿程减小。与此同时，随着金属熔体向模腔内不断充填，模腔内气体被不断压缩，反压也会随着模腔的充填而逐步增大。一旦当地的有效液锻比压小于金属熔体的充型阻力（即流变应力和气体反压之和）时，金属熔体则不能发生流变，导致充型过程终止，产生冷隔缺陷。

　　间接液锻中的多腔不均匀充填（残缺）缺陷的形成机理比冷隔缺陷复杂。间接液态模锻通常都有多个模腔，如图 5 - 2 所示，每个模腔都通过流道与压室连通。间接液锻的工艺过程是将高于液相线温度的金属液浇入压室内，然后迅速通过压头对金属液加压，使其通过流道向模腔内流动充型，直至充满。在间接液态模锻中，经常出现模腔不能充满或者一模多腔时有一个或几个模腔不能充填或不能充满的现象，这种不均匀充填现象导致废品率很高，严重影响了间接液态模锻的推广应用。很多人都将这种现象简单地归于型腔排气不畅或各腔排气不一致，而对其发生条件和防止措施缺乏深入细致的研究。北京交通大学郭莉军、邢书明根据凝固原理和流变力学分析，揭示了不均匀充型的机理，并建立了多腔间接液锻完整充型的条件。

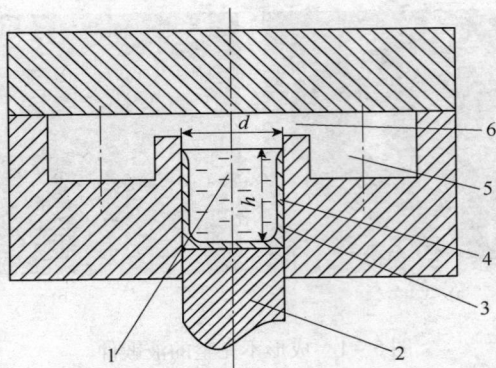

图 5 - 2 　一模多腔间接液锻原理图
1—金属液；2—压头；2—压室；3—初期凝固壳；5—模腔；6—流道

从浇注完毕至压头对金属液开始施加压力的时间间隔称为开始加压时间 τ_p，其大小受液锻机的特性、模具结构及操作节奏控制，一般在 5~10s 范围内。在这段时间内，压室内的金属液就要发生冷却凝固，在压室的底部和侧面会形成凝固层。根据平方根定律，凝固层厚度 δ 与凝固时间 τ 的平方根成正比，即：

$$\delta = K\sqrt{\tau} \qquad (5-1)$$

比例系数 K 称为凝固系数，它受压室材料、温度和浇注合金的种类、涂料等因素影响，对于有涂料的金属型而言一般取 2.3~2.5cm/min$^{1/2}$。对于直径为 d，深度为 h 的压室而言，其凝固层厚度可以用金属熔体的体积与其散热面积之比（称为折算厚度）来表示，忽略顶面的散热，则压室内金属完全凝固的折算厚度可以按下式计算：

$$\delta = \frac{\frac{1}{4}\pi d^2 h}{\pi dh + \frac{1}{4}\pi d^2} = \frac{dh}{4h + d} \qquad (5-2)$$

将式(5-2)代入式(5-1)，加以整理得压室内金属全部凝固的时间：

$$t_f = \left(\frac{dh}{(4h + d)K} \right)^2 \qquad (5-3)$$

同理，压室内形成厚度为 δ 的凝固层的折算厚度可以由下式计算：

$$\delta_e = \frac{\frac{1}{4}\pi\left[d^2 - (d - 2\delta)^2 \right]h}{\frac{1}{4}\pi\left[d^2 - (d - 2\delta)^2 \right] + \pi dh} = \frac{(d - \delta)h\delta}{d\delta - \delta^2 + dh} \quad (5-4)$$

将式（5-4）中的 δ_e 代替式（5-1）中的 δ，加以整理得压室内形成厚度为 $\delta(\delta \neq d/2)$ 的凝固层所需的时间 τ 的计算公式：

$$t = \frac{(d - \delta)^2 \delta^2 h^2}{(d\delta - \delta^2 + dh)^2 K^2} \qquad (5-5)$$

或者

$$\delta = \frac{K\sqrt{t} - dh \pm \sqrt{(1 + 4dh)K^2 t - (2 + 4h)Kdh\sqrt{t} + d^2 h^2}}{2(K\sqrt{t} - h)}$$

$$(5-6)$$

值得注意的是，受平方根定律的量纲限制，式（5-6）中长度单位取 cm，时间单位取 min。此外，当 $K\sqrt{t} - h > 0$ 时，分母取正号；相反则取负号。

作为一个示例，对于直径 110mm、高度 150mm 的压室内浇注钢而言，凝固系数取 $2.5\mathrm{cm/min}^{1/2}$，由式（5-5）计算发现，形成 5mm 的凝固层只需 0.53s。这说明，压室内在开始加压前是必然存在凝固壳的。初期凝固壳的存在是不均匀充填的主要原因。

由于开始加压前压室内已经形成了一定的凝固壳，当压头自下而上加压时，凝固壳会被整体向上推移，如图 5-3b 所示，流道口被凝固壳封闭。液面接触上模后被上模急速冷却形成顶面凝固壳，将液态金属包围在一个封闭壳内。随着压头继续上移，垂直凝固壳被压缩镦粗，其内未凝固的金属液受挤压，流道口处的凝固壳受到一个挤压力并发生流变，如图5-3c所示。根据最小阻力定律，流变方向只能是沿流道延伸，通过流道流入模腔。由于凝固过程的某些偶然因素，多个流道口处凝固壳的流变抗力或流变压力很难完全一致，其中相对薄弱的一个流道口会首先发生流变而突破。一旦有一个流道口处的凝固壳被突破，金属液的压力就急剧下降，其他流道就不可能被突破，从而出现了不均匀充填，如图5-3d所示。如果所加压力不足以使流道口处的凝固壳发生流变破裂，就完全无法实现充型。如果各个流道口处的凝固壳能同时被突破，就可以均匀充填。因此，初期凝固壳的存在是不均匀充填的根本原因。流道口处凝固壳的不同时流变和破裂是不均匀充填的主要机制。

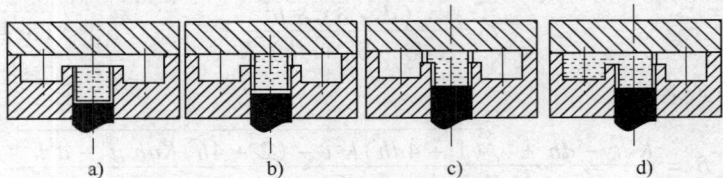

图5-3 不均匀充填过程

a)浇毕；b)流道被堵；c)不均匀流变；d)不均匀充型

根据不均匀充填的形成过程可知，要保证多流道均匀充型，需要满足三个条件：

(1)压室内有足够的可流变的金属熔体，称此为体积条件；

(2)存在金属熔体流入模腔的通道，称此为流道条件；

(3)推动金属液流变的力要大于金属熔体的流变抗力，称此为力学条件。

其中体积条件和流道条件是均匀充填的必要条件，而力学条件则是均匀充填的充分且必要条件。

压室在开始加压前的作用是储存金属液，开始加压后压室的作用是提供充型所需的液态金属。因此，间接液锻的开始加压时间 t_p 必须小于压室完全凝固时间 t_f，即 $t_p < t_f$，否则，压室内金属

完全凝固，其流变抗力显著增大，在液态模锻的条件下无法充满模腔。对于圆筒形压室，根据式(5－3)可得间接液态模锻的均匀充型的时间条件：

$$t_p < \left(\frac{dh}{(4h+d)K} \right)^2 \qquad (5-7)$$

设开始加压时，压室内的凝固壳厚度为 δ 时，则压室内未凝固的金属液体积为 V_L：

$$V_L = \frac{1}{2}(d\delta - 2\delta^2)(h-\delta) \qquad (5-8)$$

设模腔体积 V_c，当压室内未凝固金属的体积大于模腔体积时，才能确保完整充型。不妨将这一条件称为完整成形的体积条件，即：

$$V_L = \frac{1}{2}(d\delta - 2\delta^2)(h-\delta) \geqslant V_c \qquad (5-9)$$

综合起来，时间条件式(5－7)和体积条件式(5－9)都是间接液态模锻的必要条件。

间接液锻中，随着压力 F 的提高，凝固壳被镦粗，其内未凝固的金属液受挤压，对流道口处的凝固壳产生一个挤压力 F，如图5－4 的箭头所示，使这里的凝固壳发生流变，通过流道流入模腔。如果所加压力不足以使流道口处的凝固壳发生流变或破裂，则无法实现充型。因此，压力作用下流道口处凝固层的流变是间接液态模锻的流道畅通条件。

为了建立流道畅通的力学模型，设开始加压前压室内侧壁凝固层厚为 δ，凝固壳温度取 T，该温度下材料的流变应力为 τ_c，压头对底部凝固壳的挤压压力为 F，流道截面积为 A_n，周长为 L，压室截面积为 A_p，流道数量为 N。则每个流道口处凝固壳发生挤压流变所需的挤压力 F 可以根据计算挤压力的经验系数法计算，即：

$$F = n\tau_c \qquad (5-10)$$

式中，n 为考虑各种因素的影响系数平均值，其大小与挤压比 ψ（挤压前的面积 2 面与挤压后的面积 3 面之比）呈线性关系。根据

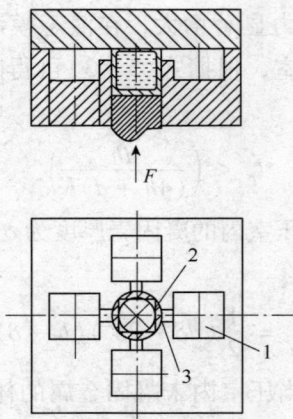

图 5 - 4　　流道外凝固壳的挤压流变示意图

1—模腔；2—等效挤压面；3—挤出面

参考文献[5]提供的图线进行拟合得：

$$n = 1.25\psi \tag{5 - 11}$$

对于圆柱形压室，其挤压前的面积可以近似认为以内接 N 边形的边长为长，以流道口高为宽的矩形截面，变形后的截面即为流道的截面。这样，挤压比可由式(5 - 12)计算：

$$\psi = \frac{dh_n\sin(180/N)}{A_n} \tag{5 - 12}$$

所以，每个流道口处凝固壳的单位挤压力：

$$F = 1.25\psi\tau_c = 1.25\tau_c\frac{dh_n\sin(180/N)}{A_n} \tag{5 - 13}$$

相应的轴向挤压力：

$$F_{z1} = NpA_p = 1.25\tau_c\frac{Ndh_n\sin(180/N)}{A_n}A_p$$

此外，若忽略纯液相的流变抗力，则使压室内凝固壳发生压缩流变需要的轴向力为：

$$F_{z2} = \pi(2d\delta - \delta^2)\tau_c \tag{5 - 14}$$

于是，若忽略摩擦力的影响，则确保流道畅通，压头提供的轴向压力必须大于使流道口凝固壳发生流变所需的轴向挤压力与压室内凝固壳发生流变所需的轴向挤压力之和，即：

$$F > F_z = F_{z1} + F_{z2} = \tau_c \left[\pi(2d\delta - \delta^2) + 1.25\frac{Ndh_n\sin(180/N)}{A_n}A_P \right]$$

$$(5-15)$$

当式(5-15)成立时，流道口处初期凝固壳可以在压头的挤压作用下发生流变，使流道畅通，而且还可以使压室内的凝固壳发生压缩流变来实现持续充型。因此，式(5-15)就是多流道间接液锻均匀充型的力学条件，由此也可以分析防止多流道不均匀充型的技术措施。

由式(5-15)可知，增大压头的挤压压力 F、增大流道截面积 A_n、减小开始凝固前压室内的凝固层厚度 δ、减小压室截面积 A_p 都有利于流道畅通，促进均匀充填。降低压室的冷却强度(如压室使用隔热涂料)有降低凝固层流变抗力 τ_c 的作用，也有促进均匀充型的作用。虽然不同液锻件的成型不完整缺陷的主要成因有所不同，但是防止成形不完整缺陷的主要技术途径可以归纳为：提高压头压力、降低凝固层的变形抗力以及增大流道口面积。具体措施包括适当提高充型速度、保证浇注量、适当提高比压、强化型腔排气和设置多浇道等。

成形不完整缺陷除了与液锻力有关外，都与液锻速度直接相关。如果液锻机的挤压缸速度较慢，再加上浇入金属后合模、锁模时间的耽误，被挤压的金属液在较小的压力下填充铸型，很容易导致冷隔缺陷。所以用油压机间接液锻轮毂时，经常出现冷隔缺陷。如果浇注温度太低或模具温度过低，合模后开始加压时间太长也会出现冷隔缺陷甚至充型不良现象。实践中发现浇注温度以及模具温度尤为重要。镁液浇注温度过低，由于其结晶潜热小，合金极易凝固，所需单位压力大；镁液浇注温度过高，易产生缩孔。一般把浇注温度控制在比较低的数值，因为液态模锻时希望消除气孔、缩孔和疏松。在浇注温度低时，气体易于从合金熔液内部逸出，极少留在金属中，易于消除气孔。合模后开始加压时间越快越好。

5.1.2　收缩缺陷及其防治

液态金属从高温向低温的冷却过程，会发生体积的变化，特别是从浇注温度至固相线温度的这个温度范围内，常见合金均会发生体积的缩小，从而导致缩孔或缩松缺陷。其主要表现是有内部缩孔、缩松和表面缩陷三种形式。

1. 缩孔

缩孔缺陷与传统铸造的缺陷类似，主要位于工件的厚大截面中心或较晚凝固的位置，其形状不规则，可见参差不齐的凝固痕迹，尺寸不固定，大的可达数厘米，小的只有数毫米，如图 5 - 5 所示。在直接液态模锻和间接液态模锻中都可能见到。

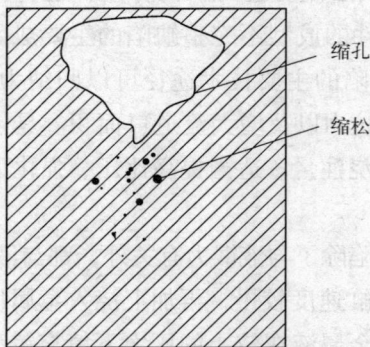

图 5 - 5　缩孔缺陷示例

缩孔缺陷的形成本质上是金属熔体的液态收缩和凝固收缩得不到补偿的结果。其形成过程是：液锻模中的金属熔体在冷却凝固过程中，伴随体积的减小。如果作用在金属熔体上的液锻比压小于已经凝固金属的流变应力，剩余的金属熔体在随后的冷却和凝固过程形成的体收缩就得不到补充，会形成缩孔。

防止缩孔形成的技术方法有三种：首先，在直接液锻中，尽量创造同时凝固原则。这样，工件各个部位在大致相同的时刻发生凝固，没有厚大的凝固壳形成，只需一个较小的液锻力，就可以使金属熔体发生流变，补充体收缩。这与传统的铸造的补缩思想是不同的。传统铸造获得致密铸件的基本原则是顺序凝固，即尽量创造自远离冒口的位置向冒口处逐步凝固的条件。其次，在间接液锻中，尽量创造顺序凝固条件。即尽量创造自工件向压室的凝固顺序，使工件首先凝固，压室的余料相当于冒口，在液锻力作用下来补缩。第三，尽量缩短补缩距离，即尽量创造条件，使施压点与工件的热节位置之间的距离最短。这一原则实质上是有限补缩的表现。

2. 缩松

缩松缺陷本质上可以理解为是分散的小缩孔，其尺寸小，一般只有数百微米至数毫米，分散式分布在工件的厚壁部位或最后凝固的部位，分布范围较大，如图 5-6 所示。多见于壁厚均匀工件的间接液锻中。它与气孔缺陷不同，其每一个空洞的外边界都不规则，是缩小的缩孔。

图 5-6　缩松缺陷示例

缩松缺陷形成的根本原因是大范围的凝固收缩得不到补充。当液锻件壁厚比较均匀，没有明显的热节时，大范围的液锻件将在近乎相同的时刻发生凝固，如果此时的液锻比压小于金属熔体的流变抗力，则这部分金属凝固时，其收缩得不到补充。由于这部分金属前期发生的体收缩已经被流变过程所补充，剩余的体收缩量较小，加之这个区域内的温度接近，所以这些剩余的体收缩将以分散的孔洞形式表现出来。

防止缩松缺陷最有效的技术方法就是要提高有效液锻力，特别是提高凝固后期的液锻比压。只要确保工件内的液锻比压始终大于工件各处的流变应力，就可以肯定地防止缩松缺陷。

3. 缩陷

缩陷是收缩缺陷的另一种表现，其特征是在工件表面上可见局部凹陷，这种凹陷的中心有时可见很小的孔，有时则没有任何孔，如图 5 - 7 所示。有时，在缩陷表面，还伴随着一些裂纹，这种裂纹称为缩裂。

图 5 - 7　缩陷缺陷示例

缩陷缺陷的形成过程与缩孔和缩松类似，只是当液锻件最后凝固部位凝固时，如果其顶面的凝固壳温度过高，强度很低，在内部的体收缩发生时，产生一个负压，将顶面凝固壳下拉，形成凹陷。

防止缩陷的技术方法与防止缩松类似，主要是提高液锻力和延长保压时间。提高液锻力可以促进凝固壳的流变补缩，延长保压时间可以确保在液锻力撤销之前，工件已经完全凝固。

5.1.3　裂纹缺陷及防治

裂纹是液锻件的又一类常见缺陷。其主要表现形式是在工件的某些部位出现裂纹，其形成位置基本固定，多数位于液锻件的孔缘和相交壁的交汇处。这些裂纹有的平直，有的弯曲不规则，如图 5-8 所示。这些开裂有的在开模时即可见到，有的则是开模时没有、在冷却至室温后才发现。裂纹缺陷在各种液锻件中都可能发生。

图 5-8　裂纹缺陷示例

裂纹的形成机理与金属型铸造的裂纹形成机理相同，主要是收缩应力超过了材料的强度所致。收缩应力主要来源于热应力和机械应力。型芯、凸台等结构的存在都会阻碍收缩，产生机械应力；液锻件不同部位的温度不均匀还会导致残余热应力。在液态模锻的持压期间，即使存在收缩受阻或不同部位的收缩不一致，也可以通过液锻力作用下的流变而将收缩应力得以释放。所以，一般来说，液锻件的裂纹主要是在卸压后出现的。当卸压后工件内部的机械应力和热应力叠加后形成的拉应力超过了工件材料的抗拉强度时就会出现裂纹或断裂。

防止裂纹或开裂的根本方法有两种，一是尽量减小收缩受阻的程度，减小收缩应力和应力集中，降低应力水平，如：尽早抽芯、尽早开模、加大过渡圆角、使用涂料、加大脱芯斜度等；二是提高材料的高温强度或塑性，提高开裂抗力或承受变形而不开裂的能力，具体措施可以是控制合金元素含量、降低杂质、减少气体等。

5.1.4　变形缺陷及防治

变形是残余应力作用的结果。主要表现是得到的液锻件与设计的液锻件形状不符，出现了空间或平面的翘曲、扭曲、弯曲等。

从本质上看，变形是液锻件残余应力作用的结果。残余应力的形成有两个可能的途径，一是机械应力，一是热应力。机械应力是指因工件结构因素导致、收缩受阻形成的应力，热应力是指由于液锻件的温度和冷却速度不一致导致的收缩应力。

其形成原因来源于两方面，一方面是液锻件结构设计欠合理，如存在显著的壁厚不均匀、开口等；另一方面是液锻工艺欠合理。

防治变形的方法也是两大方面：一是优化液锻件的结构设计，尽量避免不对称结构，尽量避免不均匀截面；二是优化液锻工艺方案，即尽量减少机械阻碍，适当延迟开模。

5.1.5　冶金缺陷及防治

液锻件的冶金缺陷主要是夹杂、气孔和成分不合格等三类，它们的形式、形成原因和防治措施与普通铸造基本类似，主要区别就是压力因素。

1. 气孔缺陷及其防治

气孔是所有液态成形件的常见缺陷之一。与普通铸造相比，液态模锻件的气孔缺陷更加复杂。从气孔的形成时间方面来说，可将气孔分为铸造气孔和热处理气孔两大类。铸造气孔是指液锻件热处理前可见的气孔缺陷，这类气孔从存在形式上可以分为三种：表面开气孔，内部集中气孔和内部分散性气孔。热处理气孔是指液锻件热处理前未见气孔，而热处理后发现有鼓泡现象。这类气孔在铝合金、镁合金等轻合金液锻件中可以见到，在钢铁材料液锻件中较为少见。

　　气孔缺陷与缩孔的区别在于其轮廓形貌上。气孔外形一般为光滑的圆形，表面光滑。其形式不同，形成机理也不同。

　　表面开气孔的形成主要是模具腔表面的涂料或杂物在高温金属液的作用下发生汽化形成，属于侵入性气孔，通常可见孔小而内部渐大的特征，如图 5-9 所示。

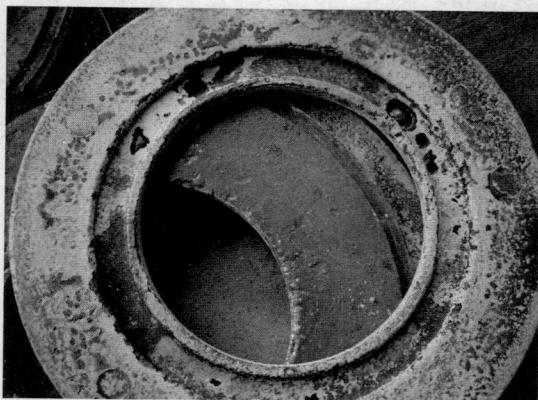

图 5-9　气孔缺陷示例

　　内部集中气孔的形成主要是充型过程的卷入的气体形成，通常位于液流交汇处和厚大截面处。防止这类气孔缺陷的主要途径是控制液流速度和方向，防止卷气。一般来说，液流在模腔内的流动速度不应大于 100mm/s。此外，适当降低浇注温度、进行工件结构优化等措施也可以防止气孔缺陷。

　　内部分散性气孔的形成主要是金属熔体溶解的气体原子在随后

的冷却过程析出形成，称为析出性气孔，其尺寸较小，分布均匀。

热处理气孔本质上是一种析出性气孔。在液锻件成型时，由于有压力的作用，溶解于金属熔体内的气体原子不能析出，而在热处理加热和保温过程由于没有外压的作用，过饱和的气体原子就会析出，因这时的工件材料强度较低，在有气孔形成的地方发生变形，形成鼓泡。

2. 夹杂缺陷及其防治

夹杂缺陷是指液锻件内宏观或微观尺度上可见的异物，多数为氧化物、碳化物、氮化物等化合物。这些夹杂的存在一般都会降低材料的性能。防治夹杂缺陷的方法同于常规铸造。

3. 成分不合格

成分不合格是指液锻件的化学成分偏离材质标准要求的现象。这种缺陷本质上是熔炼过程形成的缺陷。因此，要解决这一问题只能在熔炼过程增加成分分析环节，确保不合格的金属液不浇注。

5.2　液态模锻件的成分偏析和组织偏聚

均质化是零件成形制造的一个基本要求。然而，实际的零件成形制造中又都存在一定的不均质倾向。特别是以铸造为代表的液态成形和近年来发展起来的半固态成形中，凝固和流变使材料成分、组织的不均匀几乎成为不可避免的事情，人们习惯上用"铸态组织"一词表达这种不均质现象。无论成分的不均匀还是组织的不均匀都会导致材料性能的不均匀。为了便于表达，书中将成分、组织和性能的不均匀现象分别称为成分偏析、组织偏聚和性能偏移。无论哪种不均匀，都会在零件中出现"弱点"或"弱区"，这些"弱点"或"弱区"通常都是潜在的裂纹源和服役条件下失效的起因，因此，如何实现零件的均质化，是零件成形制造领域一个共性的关键问题。

5.2.1　液锻件的成分偏析及其防治

液态成形产品内部经常可见化学成分的不均匀现象，这种化学成分的不均匀统称为偏析。重力铸造条件下的偏析现象已经司空见惯，偏析的成因已经有定论：结晶过程的溶质再分配（也称选分结晶）是内因，凝固过程的对流是外因。两者的综合作用就出现了正常偏析和反常偏析两大类。所有的正常偏析都是发生在流动较弱的情况下，而反常偏析主要出现在流动较为强烈的情况下。

液态模锻与重力铸造相比，增加了一个附加的高压。加压铸造零件的偏析问题研究还不多。早在 20 世纪 90 年代，人们就发现铝合金挤压铸造的宏观偏析为正常偏析，而重力铸造中的偏析则是反常偏析。这种偏析虽然通过恰当的扩散退火可以减轻，但不能完全消除。

液态模锻的偏析成因有传热主因论[1]、压力主因论[2]、应变诱发论[3]和流变—凝固耦合论四种主要观点。传热主因论通过对比分析加压铸造和常规重力铸造的传热差异，认为加压铸造强化了工件与模具之间的传热，液态模锻的传热系数比重力铸造大出数倍，工件内具有大的横向温度梯度和窄的固液共存区，溶质原子被排出并会给予最后凝固位置，从而出现正常偏析。而压力主因论则认为加压铸造出现正常偏析的主要原因是外加压力。在外加压力作用下，使凝固模式由糊状凝固变为近平面的逐层凝固，从而加大了正常偏析的倾向。这一观点在 Hong C. P.[2] 等人以铝硅合金为例进行的研究中得到了证实，并进一步提出了三个临界压力：无收缩缺陷的最小压力（P_{SC}）、产生宏观偏析的最小压力（P_{MS}）和产生微观偏析的压力（P_M 或 P_{MS}）。只要满足 $P_{SC} < P < P_M (< P_{MS})$，就可以获得无偏析和无收缩缺陷的完好铸件。考虑到温度梯度和凝固速度的影响作用后，进一步提出了产生宏观偏析的定量条件是 $P^{1.5} G^{0.5} R^{-5.8} > 9.7$。应变诱发论的主要观点是液态模锻中的应变会诱导宏观偏析的出现，认为液锻件成分和组织的不均匀与液态模锻过程的的变形有关，当正在凝固的合金受到一个变形力作用发生变形时，枝晶间的液相和糊状区内的固相就有可能发生相对运动，由于它们的成分不同，从而导致偏析的出现。

北京交通大学邢书明教授在国家自然科学基金的支持下，提出了液态模锻件偏析的"流变与凝固耦合论"，认为液锻件的偏析是液锻过程中凝固行为与流变行为交互作用的结果。偏析的形成有三个紧密联系的步骤组成。第一步是压室内的溶质再分配。即在浇注后开始加压前的一段时间内，金属熔体在重力作用下发生金属模内的冷却凝固，由于金属型的冷却能力较强，这时一般以逐层凝固模式凝固，排出的溶质富集在凝固界面前沿的液相内；第二步，充型过程的溶质再分布。即开始加压后，残余液相在压力作用下，发生强迫流变，充满模腔。在这一过程中，随着流变的发生，压室内排出的溶质发生再分布或均匀化，使充型结束时液锻件内部的溶质含量已经高于合金平均含量；第三步，保压期间溶质随流变发生宏观转移。即在液锻保压期间，金属熔体不断凝固收缩，随着收缩的进行，压力作用下会出现补缩流变，溶质含量较高的熔体沿着补缩流变通道发生宏观转移，随着凝固的进行，流变抗力不断增大，当流变抗力等于液锻力时，流变停止，溶质分布不再发生变化，即形成液锻件最终的偏析。可见，液锻件的偏析是凝固和流变双重作用的结果，凝固行为使溶质在固液两相间发生再分配，流变行为使溶质原子沿流变通道发生宏观输送，两者综合作用，形成宏观偏析。

根据凝固－流变耦合理论，防止宏观偏析的措施或技术方法如下：

（1）缩短开始加压时间。开始加压时间越短，压室内的凝固体积分数越小，排出的溶质量也越小，从源头上减小了偏析的程度。

（2）强化充型过程的溶质再分布。充型过程是一个受迫流动。其流动行为比较复杂，因而在这一过程的溶质再分布行为也非常复杂。

一般来说，充型速度越大，熔体的混乱程度越高，所以，溶质的宏观均匀性越好。所以，提高充型速度有利于促进溶质的均匀化。

（3）高压凝固。提高液锻压力，加强冷却，可以使液锻件在较短的时间内完全凝固，随后即使发生流变，也只是固相的宏观转移，不会加大偏析程度。

5.2.2　液锻件的组织偏聚及其防治

金属材料液态模锻件的组织不均匀现象称为液锻件的组织偏聚。组织偏聚在与重力平行方向和与重力垂直方向都有表现，分别称为横向组织偏聚和纵向组织偏聚。横向组织偏聚主要表现为液锻件的表层与心部之间的组织差异。最典型的就是人们熟知的大型钢锭内部的三个晶区：表面为激冷细晶区、心部为粗大的等轴晶区和介于两者之间的柱状晶区，如图5-10所示。

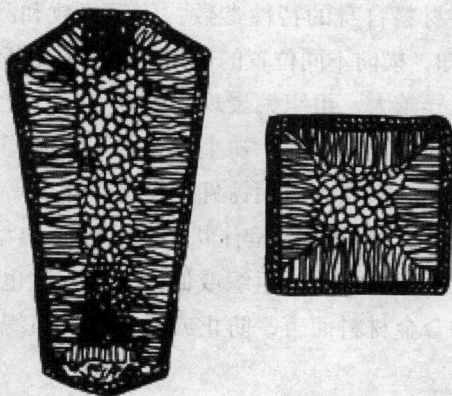

图5-10　大型钢锭内部的横向组织偏聚

关于组织偏聚的形成机理已经有很多定性的表述，普遍认为，这种组织不均匀与重力无关，主要受控于传热、传质和合金自身的凝固特性。事实上，这种组织偏聚可以根据凝固过程固液界面的稳定性理论来得到进一步的认识。如果凝固过程始终能够保持平界面凝固，则不会出现柱状晶；没有柱状晶生长，也就不会有枝晶碎片的脱落而导致心部金属的非均质形核，进而也就没有相应的粗大等轴晶区。因此，凝固过程始终保持平界面凝固是防止组织偏聚的有效方法。

根据凝固界面稳定性理论，平界面凝固的条件如式(5-16)：

$$\frac{G_L}{v} \geq \frac{m_L}{D_L}C_0 \frac{1}{\frac{k_0}{1-k_0} + e^{-\frac{v}{D_L}\delta_N}} \qquad (5-16)$$

式中，G_L 为固液界面前沿液相中的温度梯度，它主要受冷却条件所控制；v 为固液界面的推移速度；m_L 为合金相图的液相线斜率；D_L 为溶质原子在液相中的扩散系数；C_0 为合金液的初始溶质含量；K_0 为合金的溶质平衡分配系数；δ_N 为固液界面附近的扩散边界层厚度，其液相对流程度越大，其值越小。

该式包括了材料自身的特性参数、传质参数和凝固速度参数。由式(5-16)可知，横向不同位置的过冷度、成分偏析以及界面稳定性等凝固条件差异越大，组织偏聚现象越严重；合金结晶温度范围越宽，固液共存区的宽度越大，初生固相的下沉时间较为充裕，导致组织偏聚较严重。如厚大截面铸件表层为细小的等轴晶，而心部则为粗大的等轴晶，期间往往是柱状晶，这就是典型的组织偏聚；再如，晶界上经常存在的共晶组织或低熔点相，这也是一种组织偏聚。对于给定的合金材料而言，防止或减轻横向组织偏聚的技术方法是：

(1)加速冷却，提高液相内的温度梯度；

(2)强化对流，减小扩散层厚度；

(3)减小凝固速度。

液锻条件下的组织偏聚可能表现为垂向偏聚和横向偏聚两大类。其中横向偏聚主要是由凝固界面控制的，而垂向偏聚与重力的方向直接相关。重力是一个定向的分布力，铸造过程中金属处于液态和固液共存状态时，相的密度差造成了不同相在重力作用下的运动行为存在差异，从而导致相分离，最终形成组织偏聚。这种组织偏聚主要表现在与重力同一直线的不同高度存在组织差异。大型钢锭底部的沉积锥就是重力铸造垂向组织偏聚的典型代表，其本质上是枝晶碎片在重力作用下向底部沉积的结果。

重力铸造中，固液共存区内游离固相的沉降过程可以根据流体力学的 Stokes 定律来定量分析。假定游离固相可以等效为直径为 d 的圆球形，其密度为 ρ_s，其沉降速度为 v，阻力系数为 ξ，则其所受的重力 G、浮力 F_b 和阻力 F_d 可以分别用式（5-17）、式（5-18）和式（5-19）表达。可见，对于给定的游离固相而言，重力和浮力是定值，而阻力随着运动速度的增大而显著增大。

$$G = \frac{1}{6}\pi d^3 \rho_s g \qquad (5-17)$$

$$F_b = \frac{1}{6}\pi d^3 \rho_l g \qquad (5-18)$$

$$F_d = \frac{1}{8}\xi\pi d^2 \rho_l v^2 \qquad (5-19)$$

设时间为 t，则游离固相的下沉运动可以根据牛顿第二定律写为：

$$\frac{1}{6}\pi d^3 \rho_s g - \frac{1}{6}\pi d^3 \rho_l g - \frac{1}{8}\xi\pi d^2 \rho_l v^2 = \frac{1}{6}\pi d^3 \rho_s \frac{\mathrm{d}v}{\mathrm{d}t} \quad (5-20)$$

由式（5-20）可知，游离相的下沉运动可分为两个阶段：在下降的初期，速度较小，阻力也小，因此，做加速运动。由于粘滞阻力与速度的平方成正比，因此，加速运动的时间很短；当 $\frac{\mathrm{d}v}{\mathrm{d}t} = 0$ 时，游离固相的下降速度达到最大，此后保持此速度匀速下降。这一速度一直持续到游离相到达底部。因此，这一速度是值得关注的。为此，将 $\frac{\mathrm{d}v}{\mathrm{d}t} = 0$ 代入式（5-20），求解得游离相的匀速下降速度为：

$$v_{\max} = \sqrt{\frac{4(\rho_s - \rho_l) dg}{3\xi\rho_l}} \qquad (5-21)$$

另一方面，设铸件处于固液共存状态的时间为 t_s，游离相出现的高度位置为 y，假定底部固相前沿的推移速度服从平方根定律，即固相前沿的上移距离与时间的平方根成正比，比例系数为凝固系数 K，于是，所有满足式 $(5-22)$ 的游离相都将沉降在工件底部的固相前沿，形成组织偏聚——底部沉积锥；相反，满足式 $(5-23)$ 的游离相则不会沉积至底部，而被残留在铸件的热节位置，同样也形成组织偏聚。

$$y \leqslant v_{\max} t_s + K\sqrt{t_s} = t_s \sqrt{\frac{4(\rho_s - \rho_l) dg}{3\xi\rho_l}} + K\sqrt{t_s} \qquad (5-22)$$

$$y > v_{\max} t_s + K\sqrt{t_s} = t_s \sqrt{\frac{4(\rho_s - \rho_l) dg}{3\xi\rho_l}} + K\sqrt{t_s} \qquad (5-23)$$

可见，纵向组织偏聚主要受控于温度梯度、溶质梯度和凝固时间。当温度梯度和溶质梯度较小时，各处的形核和长大条件接近，组织均匀，一般不会出现组织偏聚。相反，当温度梯度和溶质梯度较大时，则不同位置的凝固条件差异明显，凝固组织就会出现明显的不一致，导致组织偏聚。凝固时间对重力铸造的组织偏聚的影响作用是通过影响初生相的沉降时间起作用的。

由式 $(5-22)$ 和式 $(5-23)$ 可知，防止组织偏聚的主要方法是：

（1）缩短凝固时间，特别是固液共存状态的时间。如：快速凝固、逐层凝固；

（2）减小游离相尺寸；

（3）增大游离相运动的阻力系数，如增大液相粘度。

5.3　液态模锻件的性能调控——热处理

热处理是材料性能调控的基本手段。液态模锻与压铸相比的最大优势之一就是液锻件能够通过热处理进行性能调控。但是，实际生产中，由于液锻工艺的差异，液锻件的热处理工艺性能也表现出很大差异。下面分别介绍常见合金材料液锻件的性能调控方法。

5.3.1　铝合金液锻件的性能调控

铝合金是应用最早的液锻材料，铝合金液锻件性能调控的主要技术方法是热处理。一般来说，铝合金液锻件热处理的目的是提高力学性能和耐腐蚀性能，稳定尺寸，改善切削加工和焊接等加工性能。因为许多铸态铝合金的机械性能不能满足使用要求，除 Al – Si 系的 ZL102，Al – Mg 系的 ZL302 和 Al – Zn 系的 ZL401 合金外，其余的铸造铝合金都要通过热处理来进一步提高铸件的机械性能和其他使用性能，如：①消除由于铸件结构（如壁厚不均匀、转接处厚大）等原因使铸件在结晶凝固时因冷却速度不均匀所造成的内应力；②提高合金的机械强度和硬度，改善金相组织，保证合金有一定的塑性和切削加工性能、焊接性能；③稳定铸件的组织和尺寸，防止和消除高温相变而使体积发生变化；④消除晶间和成分偏析，使组织均匀化。铝合金液锻件常用的热处理工艺是退火处理、固溶处理、时效处理和循环处理。

1. 退火处理

退火处理的作用是消除铸件的铸造应力和机械加工引起的内应力，稳定加工件的外形和尺寸，并使 Al – Si 系合金的部分 Si 结晶球状化，改善合金的塑性。其工艺是：将铝合金铸件加热到 280 ~ 300℃，保温 2 ~ 3h，随炉冷却到室温，使固溶体慢慢发生分解，析出的第二质点聚集，从而消除液锻件的内应力，达到稳定尺寸、提高塑性、减少变形、翘曲的目的。

2. 淬火或固溶处理

淬火是把铝合金铸件加热到较高的温度（一般在接近于共晶体的

熔点，多在500℃以上）保温2h以上，使合金内的可溶相充分溶解。然后，急速淬入60~100℃的水中，使铸件急冷，使强化组元在合金中得到最大限度的溶解并固定保存到室温，这种过程叫做淬火，也叫固溶处理或冷处理。

3. 时效处理

时效处理，又称低温回火，是把经过淬火的铝合金铸件加热到某个温度，保温一定时间，出炉空冷直至室温，使过饱和的固溶体分解，让合金基体组织稳定的工艺过程。合金在时效处理过程中，随温度的上升和时间的延长，经过过饱和固溶体点阵内原子的重新组合，生成溶质原子富集区（称为 G–P Ⅰ区）和 G–P Ⅰ区消失，第二相原子按一定规律偏聚并生成 G–P Ⅱ区，之后生成亚稳定的第二相（过渡相），大量的 G–P Ⅱ区和少量的亚稳定相结合以及亚稳定相转变为稳定相。

时效处理根据具体处理方式又分为自然时效和人工时效两大类。自然时效是指时效强化在室温下进行的时效。人工时效又分为不完全人工时效、完全人工时效、过时效三种。不完全人工时效是把铸件加热到150~170℃，保温3~5h，以获得较好抗拉强度、良好的塑性和韧性、但抗蚀性较低的热处理工艺；完全人工时效是把铸件加热到175~185℃，保温5~24h，以获得足够的抗拉强度（即最高的硬度）但延伸率较低的热处理工艺；过时效是把铸件加热到190~230℃，保温4~9h，使强度有所下降，塑性有所提高，以获得较好的抗应力、抗腐蚀能力的工艺，也称稳定化回火。

4. 循环处理

把铝合金液锻件冷却到零下某个温度（如 –50℃、–70℃、–195℃）并保温一定时间，再把铸件加热到350℃以下，使合金中固溶体点阵反复收缩和膨胀，并使各相的晶粒发生少量位移，以使这些固溶体结晶点阵内的原子偏聚区和金属间化合物的质点处于更加稳定的状态，达到提高产品零件尺寸、体积更稳定的目的。这种反复加热冷却的热处理工艺叫循环处理。这种处理适合使用中要求很精密、尺寸很稳定的零件（如检测仪器上的一些零件）。一般铸件均不作这种处理。

实际生产中，人们常用代号表示热处理类别。铸造铝合金热处理状态代号及含义如下：

T1——人工时效。液锻铝合金件，因冷却速度较快，已得到一定程度的过饱和固溶体，即有部分淬火效果。再做人工时效，脱溶强化，则可提高硬度和机械强度，改善切削加工性。对提高 ZL104、ZL105 等合金的强度有效。

T2——退火。主要作用在于消除铸件的内应力（铸造应力和机加工引起的应力），稳定铸件尺寸，并使 Al－Si 系合金的 Si 晶体球状化，提高其塑性。对 Al－Si 系合金效果比较明显，退火温度为 280～300℃，保温时间为 2～4h。

T4——固溶处理（淬火）加自然时效。通过加热保温，使可溶相溶解，然后急冷，使大量强化相固溶在 α 固溶体内，获得过饱和固溶体，以提高合金的硬度、强度及抗蚀性。对 Al－Mg 系合金为最终热处理，对需人工时效的其他合金则是预备热处理。

T5——固溶处理（淬火）加不完全人工时效。用来得到较高的强度和塑性，但抗蚀性会有所下降，晶间腐蚀会有所增加。时效温度低，保温时间短，时效温度约 150～170℃，保温时间为 3～5h。

T6——固溶处理（淬火）加完全人工时效。用来获得最高的强度，但塑性和抗蚀性有所降低。在较高温度和较长时间内进行。适用于要求高负荷的零件，时效温度约 175～185℃，保温时间 5h 以上。

T7——固溶处理（淬火）加稳定化回火。用来稳定铸件尺寸和组织，提高抗腐蚀（抗应力腐蚀）能力，并保持较高的力学性能。多在接近零件的工作温度下进行。适合 300℃ 以下高温工作的零件，回火温度为 190~230℃，保温时间 4~9h。

T8——固溶处理（淬火）加软化回火。使固溶体充分分解，析出的强化相聚集并球状化，以稳定铸件尺寸，提高合金的塑性，但抗拉强度下降。适合要求高塑性的铸件，回火温度约 230~330℃，保温时间为 3~6h。

T9——循环处理。用来进一步稳定铸件的尺寸外形。其反复加热和冷却的温度及循环次数要根据零件的工作条件和合金的性质来决定。适合要求尺寸、外形很精密稳定的零件。

铝合金液锻件在热处理中也容易出现鼓泡现象。其实质是工件内部固溶的氢原子在加热过程析出形成气泡或者其内的气孔缺陷在加热过程长大。一旦出现鼓泡，工件就要报废。为了防止液锻铝合金件热处理过程出现鼓泡现象，可以采取的措施主要有两个：一是尽量降低处理温度，降低升温速度；另一个是在低温段进行保温，使其中的气体缓慢逸出。

5.3.2　钢铁液锻件的性能调控

热处理不仅是铝合金液锻件性能调控的主要方法，也是钢铁材料重要的性能调控方法。液锻钢件的热处理工艺与锻钢件类似，主要有常见的退火、正火、淬火和回火四大类整体热处理，也可以进行各种渗金属的表面热处理。

（1）退火。将钢铁液锻件加热到一定温度并保温一段时间，然后使它慢慢冷却，称为液锻件退火。退火的目的，是为了消除组织缺陷，改善组织，使成分均匀化以及细化晶粒，提高液锻件的力学性能，减少残余应力。同时，可降低硬度，提高塑性和韧性，改善切削加工性能。所以，退火既为了消除和改善液锻工序遗留的组织缺陷和内应力，又为后续工序做好准备，液锻件退火属于半成品热处理，又称预先热处理。

（2）正火。正火是将液锻件加热到临界温度以上，使钢铁全部转变为均匀的奥氏体，然后在空气中自然冷却的热处理方法。它能消除过共析钢的网状渗碳体，对于亚共析钢，正火可细化晶粒，提高综合力学性能，对要求不高的液锻件，用正火代替退火工艺是比较经济的。

（3）淬火。淬火是将钢加热到临界温度以上，保温一段时间，然后很快放入淬火剂中，使其温度骤然降低，以大于临界冷却速度的速度急速冷却，而获得以马氏体为主的不平衡组织的热处理方法。淬火能增加钢的强度和硬度，但要减少其塑性。淬火中常用的淬火剂有：水、油、碱水和盐类溶液等。

（4）回火。回火是一种附属于淬火的热处理。将已经淬火的钢重新加热到一定温度，再用一定方法冷却称为回火。其目的是消除淬火产生的内应力，降低硬度和脆性，以取得预期的力学性能。回火分高温回火、中温回火和低温回火三类。回火多与淬火、正火配合使用。

（5）调质处理。调质处理是一种特殊的组合式热处理，即"淬火 + 高温回火"的热处理方法称为调质处理。高温回火是指在 $500 \sim 650℃$ 之间进行回火。调质可以使钢的性能得到很大程度的调整，其强度、塑性和韧性都较好，具有良好的综合机械性能。

（6）时效处理。为了消除精密量具或模具、零件在长期使用中尺寸、形状发生变化，常在低温回火后（低温回火温度 $150 \sim 250℃$）精加工前，把工件重新加热到 $100 \sim 150℃$，保持 $5 \sim 20h$，这种为稳定精密制件质量的处理，称为时效。对在低温或动载荷条件液下工作的锻件进行时效处理，以消除残余应力，稳定钢材组织和尺寸，尤为重要。

（7）液锻件的表面热处理。

1）表面淬火：是将液锻件的表面通过快速加热到临界温度以上，但热量还未来得及传到心部之前迅速冷却，这样就可以把表面层被淬火在马氏体组织，而心部没有发生相变，这就实现了表面淬硬而心部不变的目的。适用于中碳钢液锻件。

2)化学热处理：是指将化学元素的原子，借助高温时原子扩散的能力，把它渗入到液锻件的表面层去，来改变液锻件表面层的化学成分和结构，从而达到使液锻件的表面层具有特定要求的组织和性能的一种热处理工艺。按照渗入元素的种类不同，化学热处理可分为渗碳、渗氮、氰化和渗金属法四种。

渗碳：渗碳是指使碳原子渗入到液锻件表面层的过程。也是使低碳钢液锻件具有高碳钢的表面层，再经过淬火和低温回火，使工件的表面层具有高硬度和耐磨性，而液锻件的中心部分仍然保持着低碳钢的韧性和塑性。

渗氮：又称氮化，是指向液锻钢件的表面层渗入氮原子的过程。其目的是提高表面层的硬度与耐磨性以及提高疲劳强度、抗腐蚀性等。目前生产中多采用气体渗氮法。

氰化：又称碳氮共渗，是指在钢中同时渗入碳原子与氮原子的过程。它使钢件表面具有渗碳与渗氮的特性。

渗金属：是指以金属原子渗入钢的表面层的过程。它是使钢的表面层合金化，以使工件表面具有某些合金钢、特殊钢的特性，如耐热、耐磨、抗氧化、耐腐蚀等。生产中常用的有渗铝、渗铬、渗硼、渗硅等。

因钢铁的高温强度高，钢铁液锻件的热处理一般不会出现鼓泡现象。但是，如果升温过快，容易导致开裂。所以，钢铁液锻件的热处理一般要求慢速升温。

(8)余热热处理。由于液锻过程生产节奏稳定，液锻件出模温度一般在临界温度以上，因此，也可以采用出模后的余热进行热处理。由于这种热处理省去了一次奥氏体化过程，因此，其热处理后的组织和性能不如重新加热热处理的好。

液锻球铁的热处理与液锻钢件类似，但是，由于液锻球铁的白口化倾向较大，如果液锻件是加工件，则必须出模后进行余热退火处理，否则切削加工性能较差。这一点在薄壁件上表现更加明显。

5.4　液锻件的质量规范

液锻件作为一种新的毛坯件，目前尚无明确统一的质量规范和标准。为了便于生产管理，可以参照铸件的相关标准 GB/T6414、GB/T1031、GB/T11351 中的金属型铸件的要求执行。并有如下建议：

（1）液锻件的牌号。液锻铝合金件可以参照铸造铝合金的方法命名，即由 YDL 三个字头和后面的数字组成，如：YDL102，YDL114 等。

液锻钢件则采用铸钢的类似方法命名，如 YDG230 – 570；液锻合金钢可以采用类似合金钢的方法命名，如 YD40Cr、YD20CrMnTi；液锻球铁采用类似铸造球铁的方法命名，如 YDQT400 – 12。

（2）液锻件的尺寸公差和机械加工余量。液锻件的表观质量方面，其尺寸公差与机械加工余量应符合 GB/T6414 的规定。公差等级应比同等条件下金属型铸造件高一个等级，即一般为 CT5 – 8 级；液锻件的加工余量等级比金属型铸造件小一个等级，即一般为 C – F 级；液锻件表面粗糙度应符合 GB/T1031 的规定，比金属型铸件低一个等级；液锻件的质量公差应符合 GB/T11351 的规定，比压铸件质量公差低一个级别。液锻件没有被加工的表面应在除锈后涂防锈底漆，底漆应无毒并喷刷均匀，不应有起皱、堆积、流挂、露底或剥落等现象。

（3）液锻件的内部质量应符合以下要求：

1）液锻件不应有影响其致密性或均匀性的内部缺陷，如：内部缩孔、气孔、针孔、夹杂物、内部裂纹等缺陷。

2）液锻件工作表面和主要受力面上不允许存在裂纹、缩松、夹渣、冷隔、缩孔、气孔和粘砂以及其他降低铸件结构强度或影响切削加工的铸造缺陷，允许存在深度不超过实际加工余量的铸造缺陷，对修补后不影响使用质量和外观的铸造缺陷，允许按有关标准修补。

3）液锻件工艺余料的切割应在热处理前进行，工艺余料应切割到与液锻件表面基本平齐，断口应铲光。

参考文献

[1] Kim S. W. , Durrant G. , Lee J. H. , Cantor B. . Microstructure of direct squeeze cast and gravity die cast 7050 (Al − 6. 2Zn − 2. 3Cu − 2. 3Mg) wrought Al alloy[J]. Journal of Materials Synthesis and Processing, 1998, 6(2): 75 − 87.

[2] Hong C. P. , Shen H. F. , Lee S. M. . Prevention of macrodefects in squeeze casting of an Al − 7 wt pct Si alloy[J]. Metallurgical and Materials Transactions B: Process Metallurgy and Materials Processing Science, 2000, 31(2): 297 − 305.

[3] Schwerdtfeger. Klaus, Heilemann. Jens. Squeezing segregation − investigation with laboratory experiments[J]. ISIJ International, 2006, 46(1): 70 − 74.

[4] 邢书明. 加压铸造件的成分偏析的研究与进展[J]. 特种铸造与有色合金, 2013.

[5] 郭坤龙, 辛选录, 刘汀, 等. 浮动凹模闭塞挤压力的计算方法研究[J]. 锻压技术, 2010, 35(1): 70 − 74.

第6章 金属材料液态模锻工艺性能

各种材料成形技术都要求材料具有一定的工艺性能，只有具有良好工艺性能的材料才能采用其相应的工艺方法进行顺利成形，否则废品率会很高。例如，铸造技术要求材料具有良好的液态流动性、较小的体积收缩率和较低的裂纹敏感性，锻造工艺要求材料具有良好的塑性、较低的变形抗力和较小的晶粒粗化倾向。液态模锻既不同于铸造，也不同于锻造，但又有铸造和锻造的某些特点。这就提出一个新问题：金属材料液态模锻的工艺性能有哪些方面？如何评价？本章提出了液锻充型能力、液锻开裂倾向以及液锻补缩能力三个液锻工艺性能的关键指标，并对其定量实验方法进行了介绍。

6.1 液锻充型能力(加压流变能力)

金属材料在压力作用下发生流动和变形的能力统称为加压流变能力，也称为液锻充型能力。这是金属材料液态模锻的第一个工艺性能。这一工艺性能可以采用类似铸造中的流动性实验方法来进行定量测量与表征：即在标准化的螺旋线模腔中，对金属液施加一定压力，使其发生流动与变形。随着流动和变形的进行，金属熔体温度不断降低，流变阻力逐渐增大，到达某一长度时，流变阻力与液锻力相平衡，流变停止，测量其流变长度。这一长度称为极限充型长度。用极限充型长度来定量比较材料的加压流变能力或液锻充型能力。极限充型长度试样如图6-1所示。试样横截面是一个直径为10mm的圆形，其形状为阿基米德螺旋线，其极坐标方程为：

$$r = a + b\theta$$

式中，r 为螺旋线的半径；a 为极角 θ 等于零时的半径，这里规定取 $a = 50mm$；b 为螺线系数，这里取每度 0.15mm，即相邻螺线间距离为 54mm。

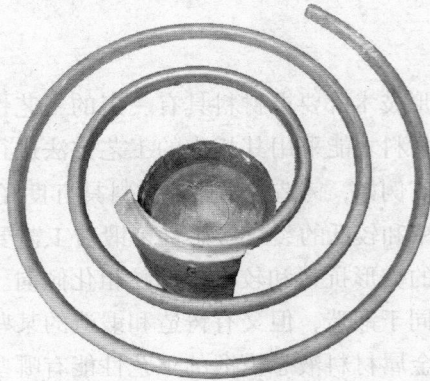

图 6-1　极限充型长度测量试样

极限充型能力测定实验的模具，如图 6-2 所示。它由上模、下模、压室、压头四部分组成，螺旋线模腔开设在下模内，压室位于下模中央，半径等于 a，即 50mm。采用下加压间接液锻方法液锻。其工作原理是：待测合金液以高于液相线温度 50℃ 的温度，一次浇入压室 3 内，然后迅速使上模 1 下行与下模 2 闭合，并施加一定压力，立即对压头 4 施加一个液锻力，推动金属熔体沿螺旋线模腔 5 流动，直至达到设定压力，保持 3~5s 后，压头退回，上模打开，取出螺旋线试样，测量其长度，即得到极限充型长度。

影响液锻充型能力的因素主要是材料本身、模具和液锻工艺参数三方面。合金材料方面，材料的比热、导热系数、结晶潜热、密度都会影响充型过程的温度降低，进而影响充型能力。此外，合金材料的黏度、凝固特性以及高温流变特性也都会影响充型能力；模具方面，模具材料、模具温度、涂料种类和厚度、表面光洁度等也会影响材料的充型能力；液锻工艺方面，主要是液锻力、压头速度、

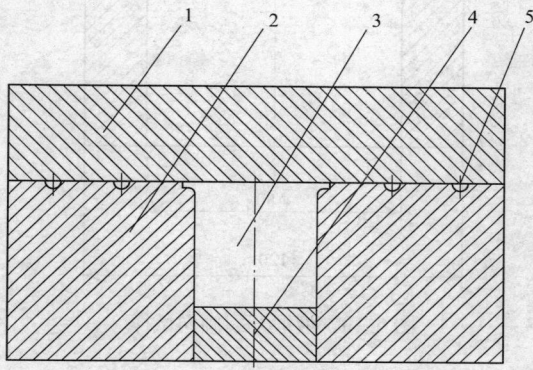

图 6-2　极限充型长度实验模具原理图

1—上模；2—下模；3—压室；4—压头；5—螺旋线模腔

持压时间等会影响充型能力。试验中，要对这些参量进行关注和控制，才能获得准确的结果。

6.2　液锻开裂倾向

液锻合金在液锻结束后，可能出现开裂。合金材料在液锻成形条件下发生裂纹缺陷的倾向性称为开裂倾向，用开模后试样的裂纹出现时间来定量表征，这一时间称为极限留模时间。极限留模时间越长，说明开裂倾向越小。

液锻开裂倾向实验采用如图 6-3 所示的试样来进行。这一试样是一个环形试样，内径 80mm、外径 120mm、厚度 50mm。当液锻结束时，试样收缩受到孔芯的阻碍作用，到一定时间，便会出现径向裂纹。通过观察记录第一道裂纹出现的时间来评价材料的开裂倾向。

开裂倾向试验用模具如图 6-4 所示。模具由凸模 1、凹模 2、孔芯 3 和顶环 4 四部分组成。实验时，将金属熔体浇入孔芯 3 与凹模 4 形成的环形模腔内，立即使凸模 1 下行进入凹模 2，对金属液施

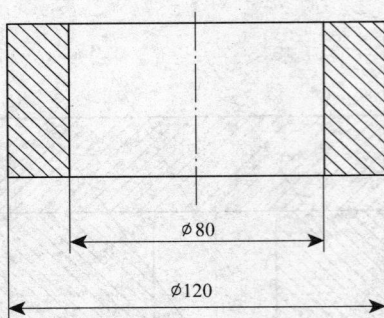

图 6-3　液锻开裂倾向试样

加一个液锻力并持压一定时间，待试样凝固后，凸模 1 提起，开始计时，并观察试样表面，当发现出现第一道裂纹时，记录该时间，即为极限留模时间。

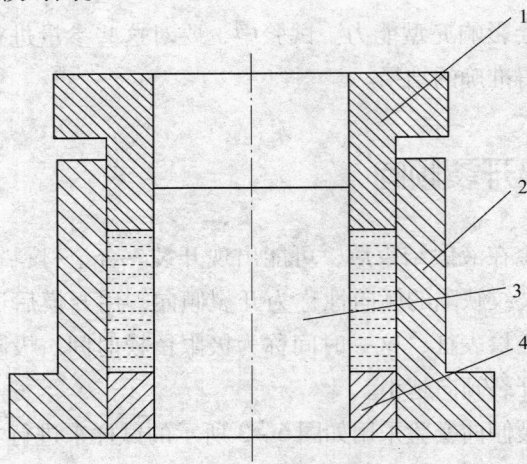

图 6-4　开裂倾向实验模具原理图
1—凸模；2—凹模；3—孔芯；4—顶环

极限留模时间不仅可以用来定量比较不同材料在相同液锻条件下的开裂倾向，还可以为合理设计液锻工艺提供参考。液锻时，只要开模后工件的留模时间小于极限留模时间，一般就不会开裂。

影响液锻开裂倾向的因素很多，首要的是液锻合金材料本身。液锻合金的化学成分、纯净度、凝固组织、偏析等，是影响开裂倾向的最主要因素。一般来说，液锻合金的结晶温度范围越大，开裂倾向越大；杂质含量越高，开裂倾向也越大；液锻时，只要开模后工件的留模时间小于极限留模时间，一般就不会开裂。

影响液锻开裂倾向的第二大因素是液锻件的结构。一般来说，液锻件结构越复杂，开裂倾向越大；有芯的情况下，液锻件壁厚越大，开裂倾向越小；芯的尺寸越大，开裂倾向也越大。

影响液锻开裂倾向的第三类因素是液锻工艺操作，一般来说，浇注温度越高，开裂倾向越大；模具温度越高，开裂倾向越小；使用涂料可以有效降低开裂倾向。

6.3　液锻补缩能力（加压补缩能力）

液态模锻最突出的优势就是具有优异的补缩能力。但是，液锻补缩能力如何定量表征是一个难题。这里定义，在一定的液锻条件下，获得无缩孔液锻件的能力称为液锻补缩能力。显然，液锻补缩能力受两方面因素影响，一方面是合金材料自身的收缩特性，另一方面是液锻工艺的补缩行为。其中合金材料的收缩特性在铸造领域已经有详细的研究，可以借鉴体收缩率这一指标来定量表达。体收缩率大的合金，出现缩孔的潜在能力大，也就是液锻补缩能力差。液锻工艺对补缩能力的影响就比较复杂了，目前尚无公认的表征方法。

这里用在特定的液锻条件下所得补缩能力试样内部的缩孔体积来定量表征液锻合金的补缩能力，采用专门的补缩能力实验方法来进行定量评价。选择一个圆柱形试样作为补缩能力试样。该试样的高径比为 2，直径为 80mm，如图 6 - 5 所示。采用上加压直接液锻方法液锻成形。

补缩能力实验用模具很简单，包括凹模 1、凸模 2、锥形锁模

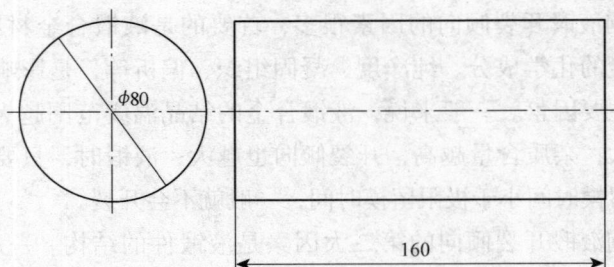

图 6 - 5　补缩能力试样

套 3，如图 6 - 6 所示。实验方法是：将待测合金熔体浇入凹模内后，在规定的时间用凸模对金属熔体顶面施加设定的压力，并保持一定时间后，抽出凸模，将凹模从锁模套内顶出，打开凹模，取出试件，对试件进行超声探伤，监测内部缩孔的位置和大小，用缩孔的体积来定量表征补缩能力。

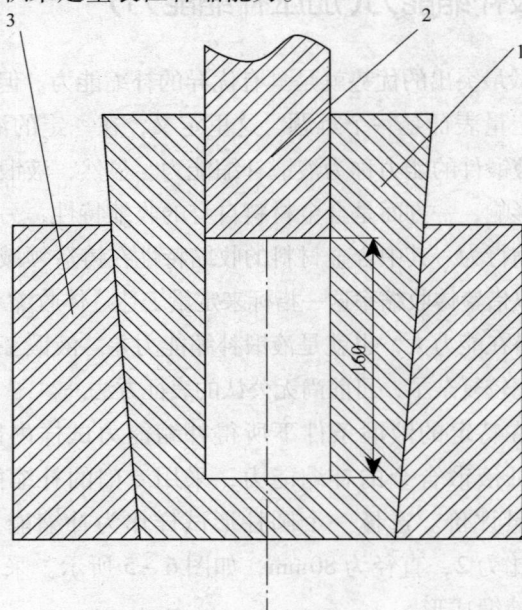

图 6 - 6　液锻补缩能力实验模具
1—凹模；2—凸模；3—锥形锁模套

　　液锻补缩能力受多方面因素影响，首先是合金材料自身的特性，如：体收缩率、凝固模式、结晶温度范围、高温强度等；其次是液锻工艺，如：液锻加压方式、液锻力、比压、液锻速度、开始加压时间等；第三是工件自身因素，如：壁厚均匀性、热节位置、热节数量、轮廓尺寸等。

第 7 章　小件液态模锻技术

单重小于 5kg 的件一般称为小件。本章介绍了小件液锻的基本原则和典型案例，旨在为针对具体小件进行液态模锻提供直接的技术参考。

7.1　小型件液态模锻的基本准则

小件是指单重小于 5kg 的工件。这类零件液锻的技术难点有三个：①浇注量小、热容量小、冷却凝固快；②模腔小，顶杆、浇道等设置困难；③通常是一模多腔，均匀充型困难。因此，小件液锻的技术关键是如何减小工艺余料，提高工艺出品率。围绕这些难题和技术关键，提出了如下小件液态模锻的技术准则。

7.1.1　液锻工艺的设计准则

小件液锻优先选择一模多件的间接液锻。由于小件一般都不是规则形状，采用直接液锻时，凸模与凹模的配合间隙难以保证，导致液锻过程故障率高。因此，一般都不用直接液锻，而是采用间接液锻。这样，可以扩大浇注量，克服浇注定量难和动配合间隙难以保证的问题。在小件间接液锻中，其工艺设计的一般原则如下：

（1）分模面选在工件最大截面位置。如果工件沿高度方向截面积相同，则将分模面选在顶面或偏上部的位置。这样开模时，可以确保工件留在下模内，以便利用拉杆脱件机构或下缸顶件机构脱模。

（2）优先选择水平位为浇注位置，并将便于切割清理的一边内置，在这一条边与压室间开设内浇道。

（3）优先选用均匀布置的模腔，且采用梯形截面内浇道。内浇道数目优选与模腔数相同。对于长轴类液锻件，可以采用每个模腔多个内浇道的方案。这时必须在适当位置设置溢流集渣包。

（4）内浇道的当量直径要大于工件的当量直径，以便补缩。内浇道是间接液锻中的补缩通道，其当量直径必须大于工件，否则内浇道将早于工件而凝固，导致工件内有收缩缺陷。

（5）必须设置排气设施，但可以不设溢流措施。小件液锻时，充型过程很容易卷气，必须设置必要的排气措施，防止出现气孔缺陷。由于小件液锻多属于间接液锻，所以，多余的金属液将作为余料留在压室内，故此，可以不设溢流槽。

7.1.2　液锻模具设计准则

小件液锻模具设计的基本准则如下：

（1）优先选用水平分模的上下模结构。与垂直分模相比，水平分模的模具结构简单，便于安装模具，工件充填过程重力因素的影响作用小。

（2）优选圆柱形压室，压室直径以 100mm 左右为宜。压室居中，模腔对称布置。

（3）选择分模面时，尽量使工件留在下模内，采用下缸顶件脱模或拉杆顶件脱模。

（4）每模浇注量以 10～15kg 为宜。浇注量过大，需要机械手浇注，投资增大；浇注量过小，工艺余料比例加大。

7.1.3　液锻机的选型与车间布局准则

小件液锻机选型的基本准则是：

（1）优选立式、三梁四柱结构。普通油压机多为三梁四柱结构。小件液锻所用的液锻机可以在普通油压机的基础上改制而得。采用三梁四柱结构，可以在其机械部分不做大的改动的情况下，通过修改控制系统和液压系统，满足液锻需要，投资效益最高。当液锻件附加值很高、且批量很大时，可以选用专用的液锻机。

（2）主缸吨位一般不超过 1000t，优选 315t、500t、630t、800t 和 1000t。这几种规格的液锻机主缸属于通用油压机的额定压力系列，选用这种规格，可以缩短液锻机制造周期，减小投资费用。具体吨位选择时，根据液锻件所需的比压来计算。一般来说，小件液锻的最大比压一般控制在 60~80MPa。过高的比压对于致密化作用不显著，压头压室寿命损伤较大。

（3）双炉配多机。由于小件液锻的每模浇注的金属液量较小，为了及时将熔炼合格的金属液锻成件，防止化学成分变化，一般都采用双炉配多机的设备配置方案：即通过两台熔炼炉交替工作大致保证连续供应金属液；通过多台液锻机同时工作，使熔炼合格的金属液在尽量短的时间内浇注完毕。

（4）优先考虑人工浇注。由于小件液锻的每模浇注量一般都小于 15kg，采用机械化浇注投资过大，完全可以采用人工浇注、人工取件。

7.2　铜合金小型零件液态模锻实例

7.2.1　铜合金衬套

衬套是机车上使用的一个耐磨件，单重 62g，材质为铝青铜，形状为圆筒形零件，壁厚只有 3mm，如图 7-1 所示。其形状简单，但公差要求很严：内孔公差要求 H11，即 +0.090mm，且为去除加工表面；外表面和两端面均为不加工面，公差 $^{+0.120}_{+0.090}$ mm，高度方向 +0.20mm。

该件采用液态模锻工艺生产，其毛坯尺寸很难满足成品尺寸要求，必须留加工余量。内部加工余量取 0.5mm，外部加工余量取 0.5mm。采用一模 24 件的间接液锻成形工艺成形，其液锻原理

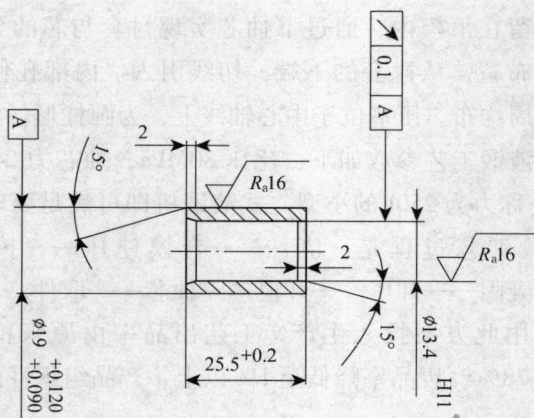

图 7 - 1　衬套零件图

如图 7 - 2 所示。采用垂直位置成型，工件全部在上模内，以实现底注并能在开模时脱模。衬套的孔芯安装在下模内，开模时工件

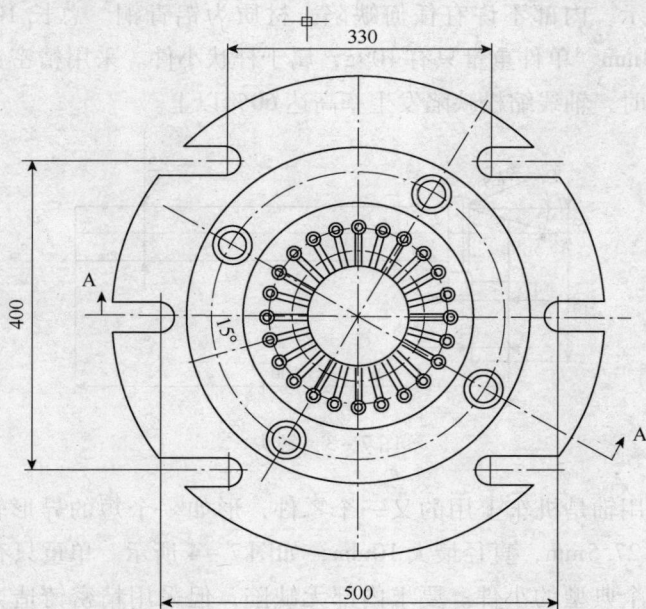

图 7 - 2　衬套液锻原理图

自动脱模将留在下模内，通过下抽芯实现衬套与芯的分离。内浇道为辐射状布置，从衬套的下端，切线引入。内部孔使用金属芯成形，沿圆周均布。压室位于中心轴线上，为圆柱形。

该件的液锻工艺参数如下：比压80MPa、抽芯力24t、脱模力36t。使用公称力为250t的小型立式液锻机即可满足要求，下缸力60t。其液锻工艺过程是：浇注——合模建压——下缸挤压充型——保压凝固——卸压——开模——抽芯——取件。

某厂采用此方案投入生产，工艺出品率由原来精密铸造的45%提高到78%，废品率降低至1%以上，产品组织性能可以稳定满足要求。

7.2.2 机车用铜合金触头和作用轴(杆状件)

触头是机车上用的一个零件，形状是一个L形杆状件，如图7-3所示。内部不许有任何缺陷，材质为铝青铜。总长100mm、直径13mm、单件重量只有109g，属于杆状小件。采用精密铸造方法生产时，轴线缩松缺陷发生率高达60%以上。

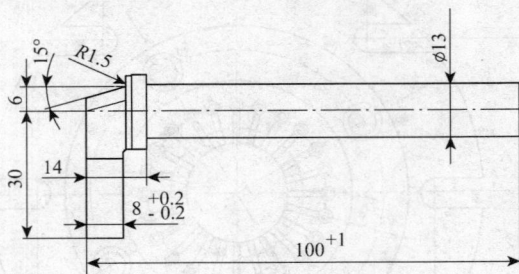

图7-3 触头

作用轴是机车上用的又一个零件，形如一个短的异形轴，总长只有27.5mm，直径最大10mm，如图7-4所示。单重只有19g，也是一个典型的小件。要求内部无缺陷，但采用精密铸造方法生产时，容易出现缩松缺陷而报废。

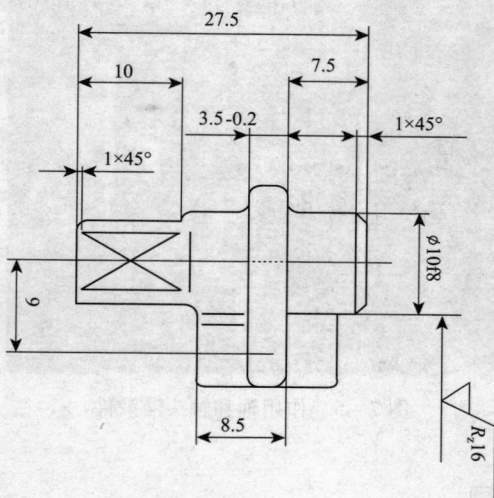

图 7 - 4　作用轴

为了解决触头和作用轴的质量问题，采用液态模锻方法生产，如图 7 - 5 所示。其液锻方案的要点是：每个触头上附铸一个作用轴，以提高生产效率；采用一模四件、下加压间接液锻方案；工件水平成形，分上下两半模；内浇道对称布置，上模留缓冲坑、配合节流截面实现弊渣；节流位置不位于与工件连接处，而是位于压室与工件之间，这样便于降低入口速度，促进排气；触头的两端和作用轴的自由端均设集渣槽，采用上顶出卸料方法脱件。

主要工艺参数如下：浇注量 1kg；液锻比压 80MPa；浇注温度 1150℃；开始加压时间 < 8s；液锻速度 50mm/s；模具温度 250 ~ 350℃。

图 7 – 5　作用轴和触头液锻件

7.2.3　调整圈

调整圈是机车上使用的一个环形零件，如图 7 – 6 所示。

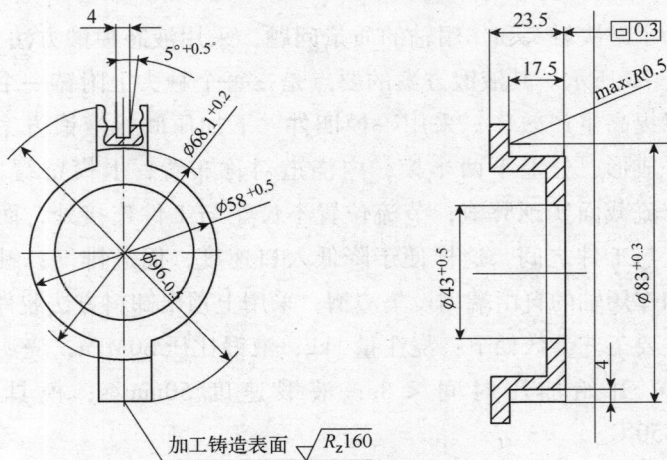

图 7 – 6　调整圈

调整圈为圆环带凸耳，壁厚 6mm，形状简单，但尺寸要求精确，特别是平面度要求较高，采用精密铸造方法生产时，平面度达不到要求，必须进行整形。有多种规格，单件重量一般在 100 ~ 200g 之间。壁厚不均匀，凸台壁厚大，环的壁厚小。

液锻方案要点：为了满足几何精度要求，调整圈只能采用一模多腔的间接液锻方案。每模 6 ~ 12 件，下加压，水平成形，工件全部在上模内。凸台在上，凸台侧面双浇道引入铜液。上方向下顶出工件，内孔由下模上的凸台形成。这一方案易保证底面的平面度要求，关键面上没有顶痕。但是，有汇流现象，脱模不及时可能出现辐射裂纹。因压机功能限制，只能采用拉杆式脱件，模具结构复杂。其液锻模具如图 7 - 7 所示。

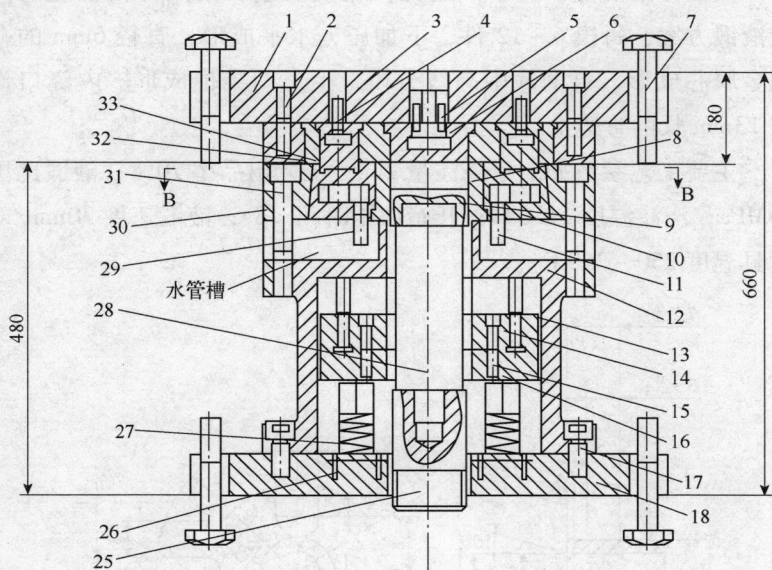

图 7 - 7　调整圈液锻模具简图

1—上模板；2、4、7、11、15、17、31、26、29—螺钉；3—上模套；

5—水嘴；6—上模镶块；8—压室；9—压头；10—下模芯；12—下模支撑；

13—顶杆；14—顶杆压板；16—顶杆固定板；18—下模底板；25、28—连接杆 1；

27—顶件油缸；30—下模体；32—芯；33—上模芯

主要工艺参数如下：浇注量 2kg；工艺出品率 70%；液锻比压 60MPa；浇注温度 1150℃；开始加压时间 <8s；液锻速度 30mm/s；模具温度 250~350℃。

7.2.4　旋转作用杆

旋转作用杆是机车上使用的一个异形小件，像个小纽扣，零件单重 12g、总高 13.4mm、直径 10mm、最小壁厚 3.9mm。采用精密铸造工艺生产时，在转轴与羽片交汇处经常出现缩松缺陷，在羽片前端还容易出现冷隔缺陷。

液锻方案要点：为了满足几何精度要求，采用一模多腔的间接液锻方案，每模 6~12 件，下加压，水平成形，直径 6mm 的孔用金属芯成形，自羽片中高线分模，上下两半模成形。内浇口设在 13mm 长的直边上。

主要工艺参数如下：浇注量 2kg；工艺出品率 70%；液锻比压 60MPa；浇注温度 1150℃；开始加压时间 <8s；液锻速度 30mm/s；模具温度 250~350℃。

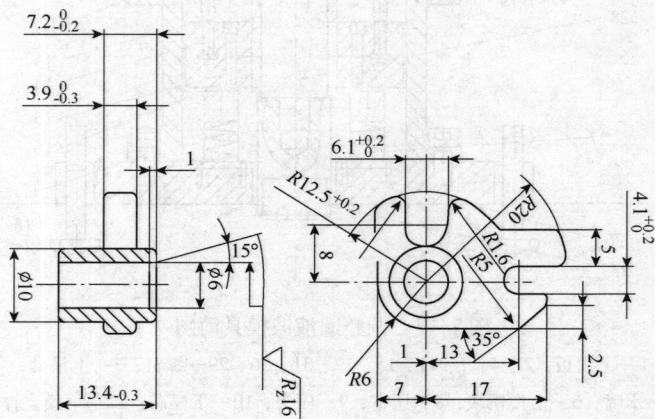

图 7-8　旋转作用轴

7.3　铝合金小件液锻实例

　　液态模锻技术最早应用的领域就是铝合金小件。因此，铝合金小件液锻的实例很多，目前大约已经有上千种，这里只介绍最近获得应用的一种——铝合金汽车控制臂的液态模锻。

　　汽车控制臂（Control Arm，也称摆臂）作为汽车悬架系统的导向和传力元件，将作用在车轮上的各种力传递给车身，同时保证车轮按一定轨迹运动。汽车控制臂分别通过球铰或者衬套把车轮和车身弹性地连接在一起，如图 7 - 9 所示。汽车控制臂（包括与之相连的衬套及球头）应有足够的刚度、强度和使用寿命。

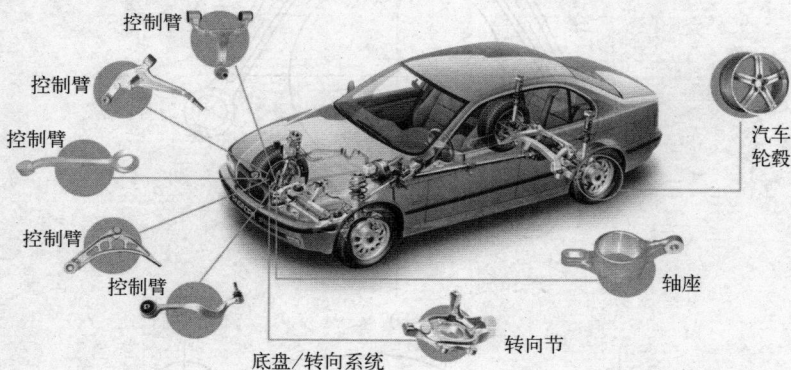

图 7 - 9　控制臂的作用和类型

　　由图 7 - 9 可知，控制臂有多种，但总体上均属于小型杆形件或叉架类零件。为了满足轻量化的要求，这些控制臂基本都已经实现了以铝代钢。压铸控制臂无法满足力学性能要求，目前主要采用锻造铝合金控制臂。但是，铝合金控制臂的锻造工艺复杂，其可行性、稳定性、成形质量（含充满成形、折叠、组织缺陷）、材料利用率以及如何降低载荷、提高模具使用寿命等，都还是制订锻造成形工艺所必须重点考虑的问题。例如，某汽车铝合金后下控制臂零件，在实际锻造生产过程中出现两个主要问题：一是在零件的大拐角处容易出现穿透性的裂纹，导致零件报废；其二是材料的利用率只有50%。为了从根本上克服固态锻造控制臂的问题，北京交通大学邢书明发明了控制臂的液态模锻技术，并申报了专利。

　　控制臂液态模锻的模腔布置如图7-10，可以根据液锻机能力取2~4个模腔，中央设压室。工件水平成形，沿1/2厚度位置分

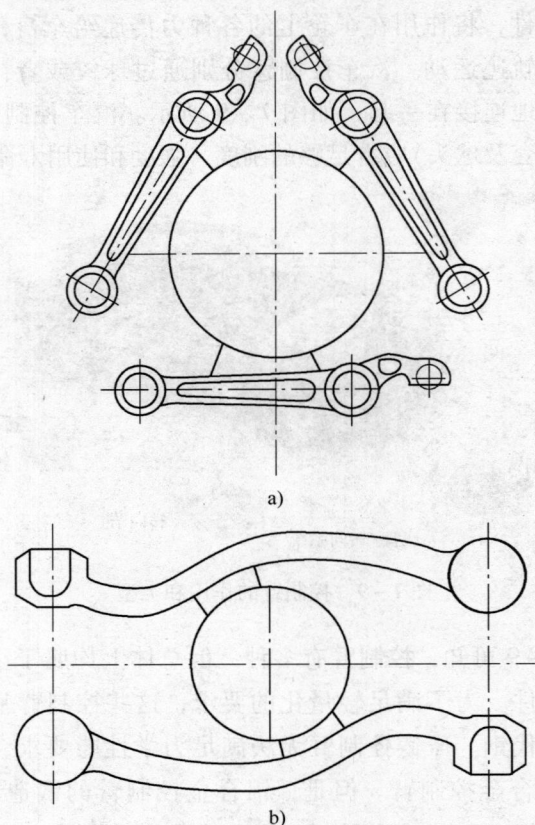

a)

b)

图7-10　液态模锻控制臂的模腔布置

a) 双腔；b) 三腔

模，采用间接液态模锻成形。其中衬套孔和球铰孔均可通过金属芯成形，其中球铰孔采用斜导柱抽芯，衬套孔通过顶出工件实现脱芯。其工艺流程是：熔化——精炼——变质——浇注——液锻——热处理——光整。

某厂利用这一方案进行单控制臂液态模锻，代替 45 锻钢，在比压为 80MPa 下生产，取得了满意的效果。

7.4　合金钢小件液锻实例

7.4.1　截齿液态模锻

截齿是采掘机械的易损件，如图 7 – 11 所示，其单重约 1.5kg。截齿主要用于煤矿开采及巷道、隧道、地面开沟等工程的掘进，主要配用采煤机、掘进机、铣刨机等设备。根据其形状特点，大致可以分为：掘进机用掘进齿、采煤机用镐型截齿、刀型截齿、旋挖钻机用旋挖齿、铣刨机用铣刨齿。

图 7 – 11　截齿实物

截齿的材料已经基本定型，刀头部分采用钨合金 MK8C 材料，硬度在 88 ~ 89HRA 之间，抗弯强度 2400MPa，密度在 14.5 ~ 14.9g/cm³ 之间；刀体一般选用 42CrMo 耐磨材料，采用热模锻工艺精加工而成，热处理硬度在 42 ~ 44HRC 之间，硬度不宜偏高，

过高的硬度反而会容易造成刀把的断裂；垫圈选用坚硬的弹性
65Mn 材料制成，直径为44mm ，避免了刀头铣刨工作时对刀座的
直接磨损，有效地保护刀座的使用寿命。42CrMo 材质刀体的常规
热处理工艺为：840℃油淬 + 360 ~ 400℃回火。刀头也有采用
35CrMnSi 材质，这种刀体的常规热处理工艺为 880℃油淬 + 380 ~
430℃回火，也可采用 880℃加热保温 + 280 ~ 320℃等温淬火、空
冷的热处理工艺。还有采用 Si—Mn—Mo 系准贝氏体钢，其热处理
工艺是：880℃正火 + 回火热处理工艺。热处理后可获得由贝氏
体、铁素体和残留奥氏体组成的准贝氏体组织，具有良好的强韧
性配合和高的耐磨性。

截齿类别很多，有圆柄截齿、刀型截齿、盾构机截齿等。现
有技术的截齿结构包括齿体和硬质合金头两部分，其制造方法有
四种：一、用圆钢加工成齿体，在齿体的上端面加工出安装硬质
合金齿尖的孔，然后用焊机将硬质合金头与齿体焊接在一起。这
种方法，生产效率低，且常因焊接不牢而导致硬质合金头脱落。
二、用圆钢加工成齿体，在齿体的上端面加工出安装硬质合金齿
尖的孔，然后在安装孔内放入焊剂，加热使焊剂熔化后，将硬质
合金头压入安装孔内，焊剂冷却凝固后将硬质合金头与齿体固结
牢固，同时齿体被进行了正火热处理。这种方法虽然能实现齿尖
与齿体的良好焊接。但是，为了防止齿柄与齿体接触部不断裂，
只能进行正火处理，齿体硬度一般只要求大于等于 40HRC。因此，
抗磨性不高。三、硬质合金头与安装孔之间采用过盈配合，将合
金头压入后再进行焊接。四、大丰市中德精锻中有限公司陈泽发
明了一种冷挤缩颈压合截齿体和硬质合金头的工艺方法
（201010260319.X），它通过圆柱形的截齿体材料进行冷挤变形，
形成截齿体的同时将带有正锥度的硬质合金头自锁固定在截齿体
的前端，省去了传统的焊接方法，将截齿体和硬质合金头连接牢
固的工序。但是，由于截齿体材料既要满足冷挤变形的需要，又

要满足高硬度、高抗磨的需要，其材料限制很大。

上述齿体端部焊接硬质合金头的结构和制备方法有一个共同的缺点：为了防止齿头和齿柄连接部不断裂，齿体的硬度一般都控制在 42～45HRC 之间，导致齿头部分抗磨性不足。若再提高硬度，则齿头和齿柄连接部容易断裂。

为了解决现有技术的截齿抗磨性和齿柄断裂的矛盾，做到既能提高齿体的抗磨性，同时还能有效防止齿柄断裂，北京交通大学邢书明等发明了液态模锻复合截齿技术。

所谓复合截齿，是由齿尖、齿头和齿柄三部分组成。齿尖用硬质合金制成，其前端为圆锥体，后段为圆柱体；齿头用高铬铸铁或高锰钢或低合金钢中的一种抗磨合金制成，呈圆台形，圆台顶面中央设有安装硬质合金的安装孔，下部中央设有齿柄的安装孔；齿柄用中碳钢或中碳调质钢制成，为圆柱体，上段带有螺旋槽，伸入齿头的齿柄安装孔内。如图 7 - 12 所示。

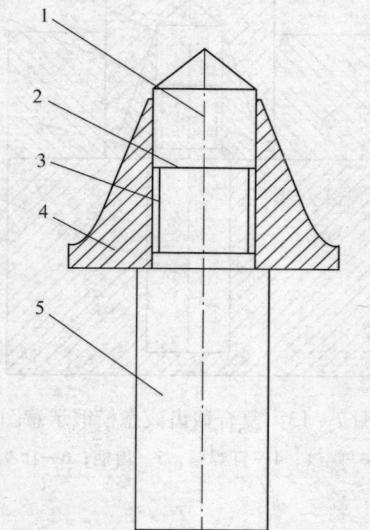

图 7 - 12　复合截齿结构示意图

1—齿尖；2—齿头；3—螺纹；4—钎焊层；5—齿柄

　　这种复合截齿液态模锻复合技术，根据液态模锻和包覆铸造的原理，将齿头、齿尖和齿柄紧密结合为一体，如图 7 - 13 所示。具体包括安装齿柄、浇注、液锻、开模取件等步骤。液锻截齿具有以下优点：

　　（1）齿头齿柄结合强度高，硬质合金与齿体间结合牢固，使用中不会出现脱落。

　　（2）齿柄材料灵活多样，韧性好，不断裂。由于齿柄为强韧性良好的中碳钢，其使用中不会发生断裂。

　　（3）齿头抗磨性好。由于齿头选用抗磨合金，其硬度高达 51 ~ 60HRC，所以抗磨性优异。与现有截齿相比，使用寿命提高 50% ~ 200%。

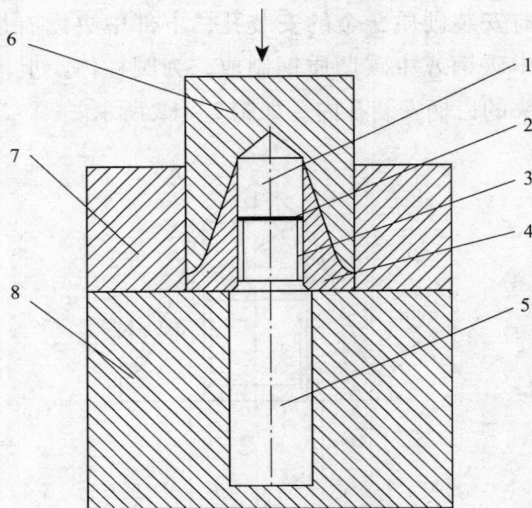

图 7 - 13　复合截齿液态模锻示意图

1—齿尖；2—齿头；3—螺纹；4—钎焊层；5—齿柄；6—压头；7—上模；8—下模

7.4.2　小型斗齿液态模锻

斗齿是挖掘机的主要消耗性配件，材质为中低碳合金钢。PC200(205 - 70 - 19570)小型斗齿，单重 4.2kg，如图 7 - 14 所示。其形状简单，但技术要求较高：①齿腔尺寸允许偏差 ±0.2mm；②从工件上直接取样并加工 V 形缺口进行冲击试验，要求常温冲击韧性大于等于 13J/cm²。③未注公差等级 CT9 级；④热处理后的硬度 46 ~ 53HRC。

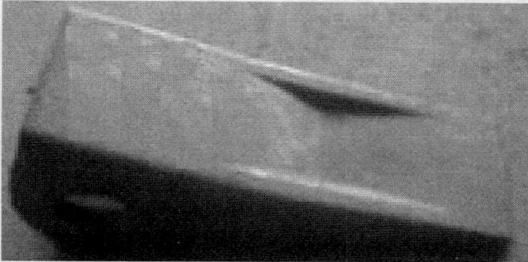

图 7 - 14　斗齿样图

采用一模双腔间接液锻工艺，单台液锻机生产，每小时产量约 60 模，每模次生产两件，约 8.4kg，每小时生产 PC200 斗齿约 500kg。日产量可达 1800 件，约 7.3t。每月生产 27 天，单机月产量可达 200t。

液锻车间设备布局的总体原则是：熔炼炉并排布置，以便炉料管理；液锻机位于熔炼区前方 5m 左右，液锻机的液压系统位于地面上，以便检修；液锻机操作台位于液锻机一侧 5m 外，用有机玻璃封闭；暂存区位于操作台另一侧。

PC200 斗齿液锻的工艺流程如图 7 - 15 所示。

为了充分发挥液锻机的能力，熔炼工部需要两台感应电炉时差工作，即 1 号炉开始浇注时，2 号炉送电熔化；一定时间后，1 号炉浇注完毕，2 号炉已经熔炼合格，开始浇注。如此反复，实现连续供应钢液，熔炼和浇注进程如图7－16所示。

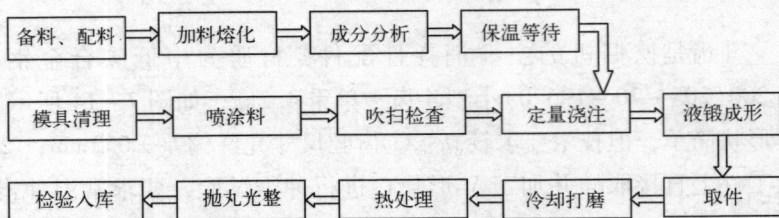

备料、配料	→	加料熔化	→	成分分析	→	保温等待

模具清理	→	喷涂料	→	吹扫检查	→	定量浇注	→	液锻成形

检验入库	←	抛丸光整	←	热处理	←	冷却打磨	←	取件

图7－15　PC200斗齿液锻生产工艺流程

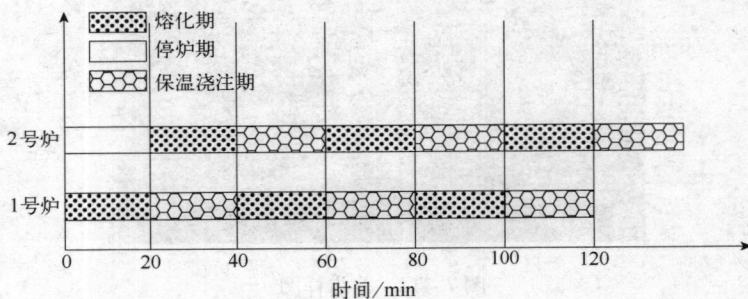

图7－16　双炉时差工作示意图

为了保证钢水成分的稳定，每炉钢水浇注时间不得大于20min。根据PC200斗齿的壁厚和凝固时间，以及熔炼速度、浇注速度和液锻速度三者之间的匹配关系：熔炼速度≈浇注速度≤液锻速度。一般感应熔炼炉的炉容取150kg为宜。

液锻成形工艺方案选用双腔水平位下加压异向间接液锻，使用公用压力为1000t的液锻机，采用一模两腔间接液锻成形工艺成形。工艺要点如下：

(1)浇注位置：水平放置；

(2)分模面：通过销孔的中心线，水平分模，上下模各半；

(3)销孔和齿腔的形成：由两个侧抽芯机构形成。销孔芯与齿腔芯呈90°布置。销孔芯穿过齿腔芯，单侧抽芯形成两侧的销孔；

（4）液锻机动作程序（半自动模式）；

启动压机——活动横梁解锁——锁模缸带动上模下行合模保压——挤压缸带动下压头上行增压并持压液锻——下缸回程——1号侧缸动作抽销孔芯——2号侧缸动作抽齿腔芯——锁模缸卸压带动上模上行开模——横梁加锁——下缸重新上行顶出工件——延时喷涂料——齿腔芯到位——销孔芯到位——浇注——进入下一个工作循环。

（5）主要工艺参数。

液锻比压100MPa；浇注温度为1570～1580℃；模具工作温度180～350℃；体收缩率取12%～14%；线收缩率取1.0%～1.5%；持压时间15～18s；浇注金属液质量9.2kg；压室内径取120mm；钢液密度取7.6g/cm³；则压室内的浇注高度为105mm。

液锻模具总体上由上模、下模、压室、压头、顶出机构、抽芯机构、连接机构和冷却系统组成。其总体结构简图如图7－17所示。

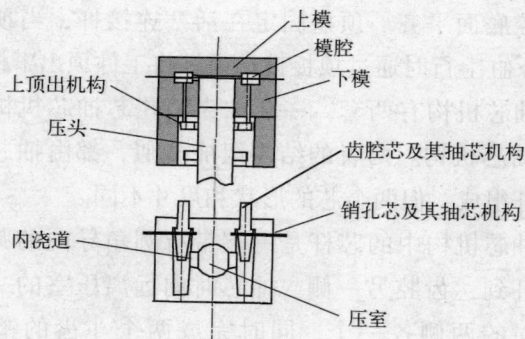

图7－17　PC200斗齿液锻模具原理

在压室两侧平行布置两个斗齿模腔。模腔与压室间由内浇道连接。

下模为组合结构，由下模芯、下模套以及下模座三部分组成。下模芯上开设模腔，与下模套间过盈配合压装在一起。下模芯外侧和底部设有冷却水管调控模具温度。由于工件与浇道和料饼连接。因此，开模时工件会留在下模内，为了取出工件，模腔底部布置有顶杆。

上模也为组合结构，由上模芯、上模套以及上模座三部分组成。上模芯上开设与下模对应的模腔，并与上模套间过盈压装在一起。

压室为一个带压盘的圆筒形零件，它是整套模具中寿命最短的零件。用 H13 钢制成并经过氮化处理。内浇道开在压室的上沿上。压室压盘与下模芯间用沉头螺钉连接紧固。

压头与高温金属接触时间最长，受力最大，也是寿命最短的零件之一。为此，压头设计为组合式，其头部为一个圆柱形零件，下部带有连接螺柱，与活塞连接杆连接。当压头损坏时，只更换头部即可。

顶出结构包括顶板、顶杆、顶盘等。顶杆下端固定在顶板上，上端与下模腔底面平齐。顶盘固定在活塞连接杆，当顶盘与顶板接触后，在下缸上行时通过顶板带动顶杆将工件顶出下模。

这里的抽芯机构有两套，一套称为销孔芯抽芯机构，另一套称为齿腔芯抽芯机构。两者的结构组成类似，都由抽芯油缸、固定结构和芯杆组成。但两个芯的形状和尺寸不同。

销孔芯抽芯机构中的芯杆是一端带有圆角导向的圆柱杆，它通过齿腔芯杆到达齿腔另一侧。抽芯时向远离压室的一侧运动抽出。模具相对的两侧各一个，同时完成两个斗齿的销孔芯抽芯动作。

齿腔芯抽芯机构中的芯杆是一个前端与齿腔形状相同、后端为矩形或圆形的杆件。抽芯时向远离压室的一侧运动。两个斗齿的齿腔芯通过一个结构同时抽出。

上模与活动横梁间通过上模座用 T 型螺栓连接；下模通过下模座用 T 型螺栓与工作台连接；压头通过螺柱与活塞连接杆连接后，活塞连接杆与下缸活塞通过螺纹连接。

除了水冷外，还可以设置必要的风道，进行吹风冷却。在每个班开始生产前，要检查压室、冷却水和设备状态，一切符合使用条件时，进行模具预热，当模具腔温度预热至 150℃时，喷涂料烘干后即可浇注使用。

当压室出现严重变形、开裂等造成压头无法顺利运动，或者料饼下方有严重的披缝时，更换压头或压室。压头寿命在 1000 模左右，即每天更换一次，费用约 200 元。压室寿命约 2000 模，即每两天更换一次，费用约 1000 元。

当发现模腔开裂或有粘连，影响出件或工件外观严重恶化时，更换模芯，寿命一般在 5000 模左右，即每 5 天更换一次，费用约 6000 元。

以上合计模具费用每吨产品摊销约 300 元，此精密铸造的型壳费用低。

7.4.3　接触网五金件液锻

随着我国电气化铁路的不断发展，对接触网的要求也越来越高。下底座、旋转平双耳零件是接触网的主要承力部件之一，对接触网的安全运行起着重要作用。下底座、旋转平双耳现有成型工艺为精密铸造，精密铸造的优点是可生产各种合金的铸件，但由于现阶段我国铸造水平的限制，精密铸造的生产率不高，材料利用率低。因此，选用新的液态模锻工艺来生产下底座、旋转平双耳零件，以期改善零件的微观组织及力学性能。

如图 7 - 18 所示，接触网下底座外形是一个带有两孔的底板，底板最大长度为 180mm、最大宽度为 110mm、厚度为 12mm。底板两侧各有一个竖立的耳部，耳部外形为一扇形。耳部相对底板的

高度为 50mm、厚度为 10mm、耳部顶端最大弧度为 $R8mm$。每个
耳部上带有一个孔，底板和每个耳部之间各有两个肋板。

图 7 – 18　下底座

　　由于下底座零件轮廓较大，且两个耳部较下底面有较大的高
度，液锻充型时需较大的压力。若采用间接液态模锻工艺，金属
液需经过浇道进入型腔中，压力通过金属液的传导势必有所损失，
且由于充型高度高，金属液流程长，压力不够且金属液冷却的情
况下将不能顺利充型。若采用直接液态模锻工艺，可克服以上缺
点，并且可以简化整套模具的设计。如图 7 – 19 所示，为下底座直
接液锻成形原理图。采用直接液态模锻成型下底座零件，一模一
件，水平分型。底面上的两个孔可直接液锻，侧壁上两个孔需机
加工。选择表面积最大底面为分型面，可降低浇注高度，减少浇
注时钢液对型腔的冲击。对于精度要求高而不需加工的两个侧壁，
放在模具侧面。采用定量浇注，可通过弹簧浮动模来调节型腔的
深度，并在分型面上设计溢流槽，用以调节金属液用量。锁模缸
带动异型凸模合模挤压，为防止上、下模在合模过程中错位，设
计导柱与导套进行定位。由于液态模锻件留在上、下模均有可能，
故在上模和下模分别设计了 4 根顶杆利用上挤缸、下挤缸将液态模
锻件顶出。

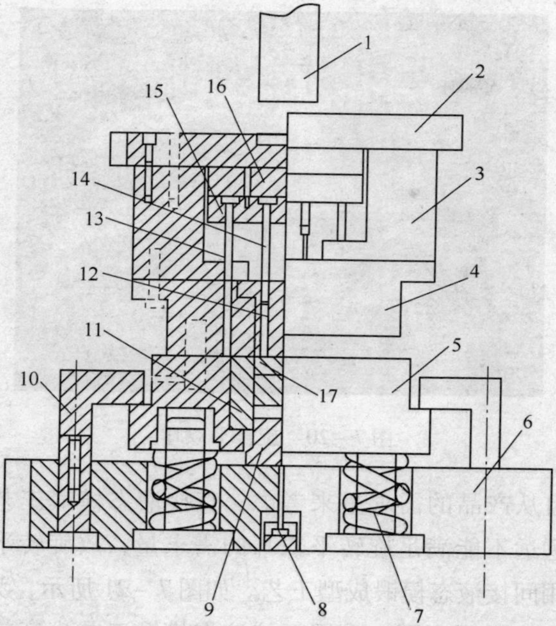

图 7 - 19　下底座直接液锻原理图

1—上冲头；2—上模板；3—上模垫铁；4—上模套；5—下模套；6—下模板；

7—弹簧；8—下顶杆；9—下固定模芯；10—下模支铁；11—下活动模芯；

12—上模芯；13—复拉杆；14—顶杆；15—顶杆固定板；16—顶板；17—型腔

如图 7 - 20 所示，旋转平双耳零件结构较复杂，在多个垂直面上均有圆孔，其最薄处只有 8mm，双耳部位有一直径为 19mm 的圆孔，为受力部位，公差要求为 0 ~ 0.32mm。在另一垂直面上有一直径为 17mm 的孔，公差要求为 0 ~ 0.43 mm，双耳之间有一个 53mm × 50mm × 18mm 的长方体豁口。旋转平双耳零件的最大回转弧度为 R17mm，最大圆角为 R3mm。

旋转平双耳零件体积小，充型相对比较容易，并且工厂对于零件的需求量较大。由于零件上有较多的圆孔需铸出，且圆孔在不同的垂直面上，若采用直接液态模锻成型工艺，模具结构较为

图 7 - 20　旋转平双耳

复杂。而且从产品的需求量来考虑，直接液态模锻工艺一般为一模一件，远远不能满足旋转平双耳的需求量，故旋转平双耳零件的生产采用间接液态模锻成型工艺。如图 7 - 21 所示，为旋转平双耳间接液锻成形原理图。采用间接液态模锻工艺生产旋转平双耳零件，水平分型，分型面取在零件的正中央，厂标做在上下模上。一模四件并排成方形均匀布置，中间为压室。每个零件有两个侧抽芯，每一侧布置一个侧缸，同时带动两个零件的侧抽芯运动。锁模缸带动上模合模保压，下冲头在下挤缸的带动下挤压金属液冲型。为保证合模的准确性，在上下模上设置合模导柱与导套，用于精确定位。开模后液锻件留在上模腔中，由上挤缸带动上冲头，上冲头推动项板通过顶杆将液锻件顶出。

　　采用液态模锻方法生成的下底座和平双耳进行力学性能测试，发现其与精密铸造产品相比，强度显著提高，韧塑性有一定降低，如表 7 - 1 所示[1]。

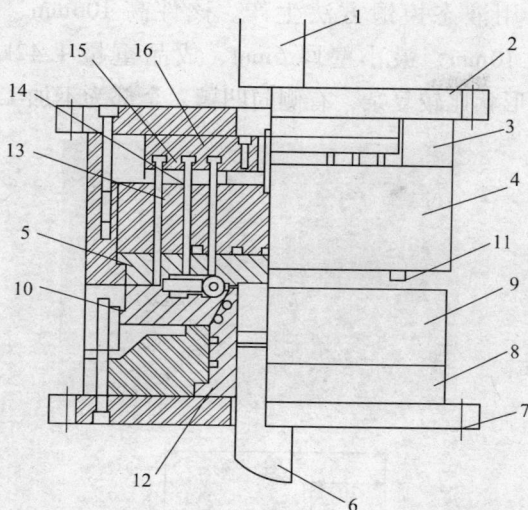

图 7 - 21　旋转平双耳间接液锻原理图

1—上冲头；2—上模板；3—上模腔；4、5—侧抽芯；6—下冲头；

7—压室；8—下模板；9—下模腔；10—顶杆；11—顶板

表 7 - 1　液锻底座和平双耳的性能

产品类别	室温机械性能					
标样	屈服强度/ （N/mm²）	抗拉强度/ （N/mm²）	弹性模数 /MPa	应变硬 化指数	伸长 率（%）	断面收 缩率（%）
ZG230 – 450	≥230	≥450	$(2.0 \sim 2.2) \times 10^5$	与状态有关	≥22	≥32
液锻铸#1	529	615	2.097×10^5	0.211	11.3	20.8
液锻铸#2	578	702	2.105×10^5	0.198	11.3	11.5
液锻调质#3	583	702	2.107×10^5	0.205	11.7	15.1
液锻调质#4	547	659	2.095×10^5	0.218	11.5	22.3

7.5　小型球铁件液锻

液态模锻可以用来生成球墨铸铁小件。如图 7 - 22 所示的铁路支架就可以用液态模锻方法生产。该件高 106mm、长 170mm。主要壁厚为 10mm、最小壁厚 6mm、成品重量 1.42kg、材质为 QT500 - 7。形状比较复杂，有侧向凹槽，全部为不加工面。

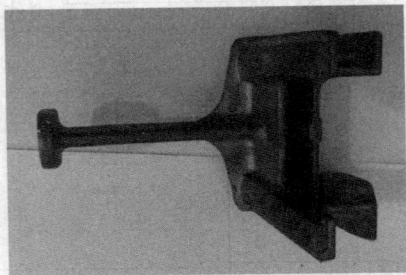

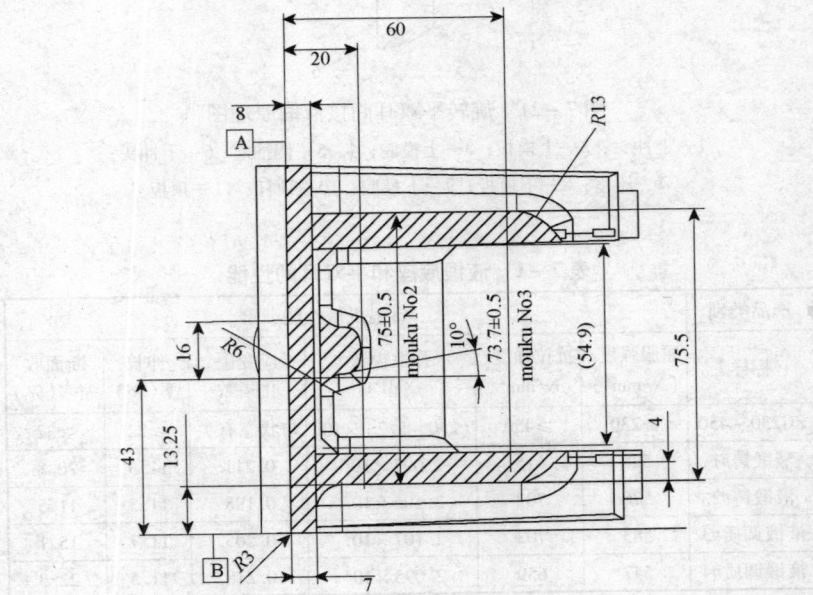

图 7 - 22　球铁铁路支架

其液锻成形的难点是：壁厚小，容易出现成形不完整缺陷；壁厚差异大，补缩困难；结构复杂，容易开裂；有很多狭缝，模具寿命短。针对这些难点，设计的液锻工艺方案要点如下：

工件水平成形，叉腿朝下，从柄的 1/2 高度处水平分模，工件主要在下模内。这样可以形成安装面 A 面的圆角。一模两件，对称布置。内浇道设在柄部，实现顺序凝固。压室位于中央，直径 80mm、液面深度约 80mm、比压 100MPa、其中外加比压取 60MPa、合模力约 300t，脱模力较大，顶杆设在叉腿端部和柄部。采用这一方案，得到了满足要求的产品，取得了满意的效果。

参考文献

[1] 郭文龙. 钢铁材料液态模锻及其组织性能研究[D]. 北京：北京交通大学，2008.

[2] 祝楷. 斗齿液态模锻工艺及其模具设计[D]. 北京：北京交通大学，2010.

第8章 大件液态模锻技术

8.1 大型件液态模锻的技术关键

大型铸锻件是一个国家重大技术装备和重大工程建设所必需的重要基础部件，其制造能力和水平直接决定着重大技术装备的制造能力和水平。因此，大型铸锻件产业的发展是衡量一个国家工业水平和国防实力的标志之一。我国十分重视大型铸锻件制造业的发展，多年来投入了大量的资金和人力使得该产业由小到大，从低到高发生了重要的变化。但是，到目前为止，我国大型铸锻件的制造能力和技术水平与国外相比还有较大差距。如果能把液态模锻技术用于大型铸锻件的生产，必将对大型铸锻件行业的发展起到极大的推动作用。

大型铸锻件主要用于火电、水电、核电、冶金、矿山、轨道交通以及造船、石化、军工、航空航天等重要领域，其受力复杂、工况特殊、质量要求极为严格。随着科技进步和制造业的发展，对大型铸锻件内在质量提出了更高要求。当前，评价大型铸锻件的内在质量和使用性能主要从组织结构的致密性、均匀性、纤维流向和晶粒分布的合理性以及最少的内部缺陷等方面考虑。

大型工件液态模锻不仅为大型铸锻件生产提供了新的途径，又为液态模锻技术的系列化做出了贡献。但是，在液态模锻的发展历史中，人们一直回避大型工件的液态模锻这个难题。大型工件液锻有以下五个技术难点：

(1)浇注量大，必须使用专业化浇注机械。在传统液态模锻中，浇注操作基本上都是人工浇注，或者是利用压铸行业的给汤机进行自动浇注。因此，每模的浇注量一般都较小，重量不超过50kg。但是，大型件液锻的浇注量很少小于50kg，一般都在100kg以上，甚至高达数百公斤，乃至数吨重。这样大的浇注量采用传统的液态模锻浇注方法根本无法实现，必须使用专业化的浇注机。

（2）保压时间长，模具升温大。大型工件的轮廓尺寸和壁厚一般都较大，相应地，液态模锻的保压时间也就要长的多。例如，当工件壁厚达到50mm时，即使在液态模锻的快速冷却下，其保压时间也将长达3~5min。相对于常见液锻件保压时间5~15s而言，如此长的保压过程将发生许多特殊现象。特别是模具与工件间长时间的传热，将导致模具材料的组织与性能的变化，以及尺寸甚至结构的变化，使液锻过程根本无法进行。

（3）多向多点长距离补缩。大型件热节位置多，补缩距离长又是一个难题。大型工件一般都存在多个热节位置，需要多点补缩；大型件的轮廓尺寸大，需要长距离补缩；这些补缩的困难就要求液态模锻工艺装备能实现多向、多点的长距离补缩，这在传统液态模锻中是很难实现的。

（4）液锻力大。大型工件液锻需要的设备吨位显著增大。例如，直径1m的钢铁轮形件，其液锻力至少需要8000t。目前专业化的液锻机最大吨位只有5000t，这种大的液锻力对液锻机提出了严峻挑战。

（5）金属熔体的纯净度和冶金质量要求高。在大型铸锻件生产中，金属熔体的冶金质量特别是纯净度的要求很高，通常都采用了炉外精炼技术。于是，炉外精炼与液态模锻之间的衔接是大型工件液态模锻的又一个难题。

针对上述难题，通过液态模锻工艺、装备和模具的一体化精心设计，是可以实现大型铸锻件液态模锻的。

大型铸锻件液态模锻具有以下突出的优势：

（1）设备投资小。大型铸锻件生产的限制环节就是设备投资。同样规模的大型铸锻件生产车间，采用液态模锻比采用传统锻造所需的设备投资可以减小1~2倍。

（2）能耗小。在传统的大型铸锻件生产中，一般都要首先铸锭，然后再进行铸锭的加热与锻造。液态模锻大型件时，将冶炼合格的金属熔体直接进行液锻成形，省去了铸锭环节，可以节约大量的能源。

（3）产品质量高。相对于大型铸件而言，液态模锻的产品质量要显著提高，废品率显著降低；相对于大型锻件而言，液态模锻件的组织和性能没有明显的方向性。

8.2 大型件液态模锻的基本准则

8.2.1 大件液锻工艺的设计准则

对大件来说，液锻工艺设计具有十分重要的作用。设计合理的液锻工艺，可以在较小的设备能力下完成大件液锻，相反，如果工艺方案设计不合理，会出现无法进行大件液锻的严重后果。大件液锻工艺设计应遵守的一般准则如下：

（1）优先选择单腔直接液锻。液锻方式的选择在大型工件液锻中几乎是唯一的，即基本只能选择单腔直接液锻。如果选择多腔液锻，则要求的设备吨位会成倍地加大，投资急剧上升，使大件液锻几乎变得不可能。但是，对某些框架类、杆件类大件，不排除选择单腔间接液锻会更好。

（2）分模面选在工件最大截面位置，并确保开模时工件留在下模内。分模面必须选择工件的最大尺寸位置，以确保能够脱模取件，这是一个基本原则。在大件液锻中，由于工件单重大，一旦开模时，工件随上模带起，则可能出现出模时失控，工件跌落砸坏模具或将工件本身砸伤。因此，开模时工件留在下模内是大件液锻的一个特殊要求。据此，如果工件沿高度方向截面积相同，则应将分模面选在顶面或偏上部的位置，这样开模时，可以确保工件留在下模内，便于取件。

（3）优先选择水平位为浇注位置和液锻位置。大型工件的液锻浇注位置直接影响设备造价。采用水平位为浇注位置，可以减小设备开口距离，有利于降低设备投资和模具投资。不仅如此，采用水平位浇注液锻，还便于浇注操作。如果采用垂直位浇注和液锻，则因尺寸较大，充型过程难度较大，容易出现冷隔缺陷。所以，优先选择水平位为浇注位置和液锻位置是大件液锻的一个基本原则。

（4）优先选择上加压方式。正确选择大型工件液锻的加压位置对于能否获得致密工件至关重要。一般来说，优先选择热节位置的上方进行自上而下加压。与下加压相比，这种加压方式便于布置压头，且便于防止金属液挤入缝隙，也有利于利用重力的补缩作用。对于存在多个热节的大型工件而言，液锻加压方式会比较多样化，但仍然尽量优先采用上加压和侧加压方式。

（5）必须设置排气设施和溢流措施。排气和溢流对于大件液锻必不可少。大件液锻时，会有很多位置无法通过分模面排气，一般都需要设置必要的排气措施，防止出现气孔缺陷。此外，为了确保工件尺寸，在大件液锻时，必须设置溢流设施，以确保多余的金属熔体溢流排出。具体的排气设施和溢流设施可以根据工件特点选择。一般来说，优先选择排气道排气，一般不用排气塞；优先选用溢流槽，一般不用溢流道。

（6）质量第一，效率第二。在液锻大件的工艺设计中，要树立"质量第一，效率第二"的观念，即液锻工艺设计的第一任务是确保质量合格，然后才是高效生产。因为大件的废品损失是巨大的，如果不把质量放在第一位，去追求生产效率，就会得不偿失。根据这一原则，就等于说，不要损失产品质量而去提高工艺出品率。

8.2.2　大件液锻模具设计准则

大件液锻模具设计的基本准则如下：

（1）优先选用水平分模的上下模结构。由于大件单重大，充填距离长，与垂直分模相比，采用水平分模的模具结构简单，便于安装模具，工件充填过程重力因素的影响作用小，一般都优先选用水平分模。此外，水平分模的模具结构对设备的技术要求也较低。

（2）优选上部压头为主压头。由于大件的浇注量大，金属液的静压力大，容易发生间隙泄漏。因此，若采用下压头加压，很容易在压头与压室的间隙内产生披缝，导致有效压力减小。一般都优先选用上压头加压。上压头一般优先选择与上模固定（这时通常称为凸模），即液锻与锁模均由主缸提供动力。非常必要时才选用压头与上模可以独立运动的结构型式。

（3）优选顶杆顶件、上出模的卸料方案。大件的出件方案很少采用拉杆式顶件，优先采用顶杆顶件系统，通常还可以使用独立的顶件油缸驱动顶件系统进行顶件卸料。因此，在模具设计时，需要采取措施确保将工件留在下模内，而不是被上模带起。同时，决不可忽视顶件力的设计。对大件来说，由于轮廓尺寸大，脱模阻力是很大的，不可轻视。具体脱模力可以根据本书的第 2、3 章提供的公式进行计算。

（4）模腔设计中，收缩率必须考虑，否则会出现尺寸超差而报废。在小型液锻件模具设计中，收缩率可以不考虑，但是大件液锻，必须考虑收缩率。不同材料的收缩率如表 8 - 1 所示。实际选取收缩率时，还要考虑如下规律：①有芯的液锻件，冷却凝固时，受这些芯所阻碍，收缩量就比较小；②薄壁铸件的收缩量比厚壁铸件小；③尺寸越大，收缩的绝对值越大，但是收缩百分率比小尺寸件小；④液锻成形后，留模时间越长，收缩量越小；⑤形状复杂的液锻件比简单件收缩量小；⑥同一铸件的不同尺寸部位，各处于不同的情况时，各自的收缩率有可能不相同；⑦工件的收缩是在实体上产生的，故在空档部位上，有时它的实际收缩可能使该部位的尺寸变大；⑧此外，铸件的收缩可能与工艺因素、操作方面（如分型面的清理、涂料涂层的厚薄）有关。

表 8 – 1　常见液锻合金大件的收缩率

液锻合金	线收缩率(%)	体收缩率(%)
普通碳钢	0.8 ~ 1.1	10 ~ 14
合金钢	0.9 ~ 1.2	8 ~ 12
球墨铸铁	0.6 ~ 0.8	3 ~ 4
灰口铸铁	0.5 ~ 0.8	5 ~ 8 (含碳量越高，收缩越小)
白口铸铁	0.8 ~ 1.1	12 ~ 14
铝合金	0.6 ~ 1.0	8 ~ 10
锡青铜	0.9 ~ 1.2	4 ~ 8

（5）排气道必须设计为折弯形。大型工件液锻时，模腔气体量大，在充型后期压力很大。因此，在模具设计时，必须精心设计排气措施。采用排气道排气时，排气道必须设计为折弯式，禁止使用直排形排气道，以防出现金属液喷溅伤人。

（6）必须留出足够的密实压缩量。大件的体收缩量很大，在模具设计时必须流出足够的密实压缩体积，否则容易出现缩孔或缩松缺陷。各种常见合金的密实压缩体积比（即体收缩率）如表 8 – 1 所示。根据密室压缩体积核算出密室压缩行程，据此在模具上留出这一压缩距离。

8.2.3　液锻机的选型原则

大件液锻用液锻机的吨位较大，合理选择液锻机是确保大件液锻经济、可靠、高质量生产的重要保证。其主要技术参数选择时应遵守以下原则：

（1）可以采用多缸提供多点加压或多向加压。大件需要的液锻力很大，也就是说大件液锻机的公称吨位较大。对于大吨位的液压机，设备厂家一般都不希望结构过于复杂，但是大件通常都需要多点或多向加压。所以，要求液锻机能够提供多点或多向加压，这对液锻机生产厂家是一个挑战。订购设备时，必须明确科学地提供加压方向和加压位置的技术要求，与设备制造厂家共同论证其可行性。具体的加压方向和加压位置需要根据工件确定。一般来说，大件液锻至少包括 2 个上加压、2 个侧加压和 1 个下加压，即至少是 5 个油缸。

（2）主缸优先提供锁模力。大件液锻机的主缸力是所有油缸中公称力最大的油缸，一般都优先考虑由主缸提供锁模力。因此，主缸力要大于所需锁模力。一般取主缸力为计算锁模力的 1.2 倍。计算锁模力时按照比压 100MPa 计算。

（3）液锻力要保证能提供足够的比压。液锻力是指液锻机提供的向液态金属加压的力。在这一力的作用下，液锻金属内部产生一定的压应力，称为比压（也就是压强）。理论上说，比压必须大于液锻金属脱模温度时的变形抗力（屈服极限），否则就无法实现流变成形。因此，要确保液锻件致密、质量合格，就必须确保有足够的液锻力。一般来说，钢铁材料液锻要求的比压应大于80MPa。因此，液锻机提供的液锻力必须能在液锻金属内产生80MPa 以上的压强。计算这一压强时，可以将液锻金属视为可以等值传递压力的流体。

（4）空程速度不小于 300mm/s，核算功进速度。液锻机与普通油压机的区别之一就是空程速度。普通液压机的空程速度一般在100mm/s 左右，而液锻机的空程速度很少小于 300mm/s。高的空程速度主要是为了快速实现合模加压，尽量减小开始加压前的重力凝固对工件质量的影响。

　　此外，液锻件的功进速度也是一个值得考虑的问题。在普通锻造中，受材料可锻性的限制，变形速度不能过高。因此，功进速度一般都不大。但是，液态模锻对材料的可锻性适应性很强，较大的功进速度可以确保整个凝固过程不出现缩孔。因此，大件液锻机的功进速度比固态锻造液压机的功进速度大。事实上，在设备功率一定的条件下，功进速度和液锻力之间有一定的矛盾。功进速度和液锻力都大的情况下，液锻机的功率会很大。因此，有必要根据工件的收缩量核算所需要的功进速度。

8.2.4　大件液锻车间布局准则

　　大件液锻车间的布局对于生产过程产生重要影响。在大件液锻车间布置设计时，遵守以下原则是有益的：

　　(1)物流方向优先选择⌐形。液锻过程的主要物料是液锻金属，其在不同工部的状态不同，在熔炼工部是固态的熔炼原料，包括回收料、合金料、冶金辅料等；在浇注工部，其变成了液锻金属液；到了液锻工部，变为红热的固态工件。因此，在物料转移和运动过程中发生着状态的变化。不同状态的物料需要不同的转运工具和工装。所以，最顺畅的物料流动方向是⌐形，如图8 – 1所示。

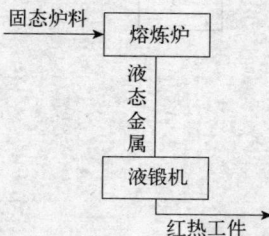

图 8 – 1　液锻车间的物流方向示意图

（2）设备布局紧凑，间距适当。大件液锻的过程，所有物料的转移与运动都需要机械来完成，至少是由机械来辅助完成。因此，设备间距相对较大，需要留出辅助机械的安装与工作的空间。典型的设备布局和设备间距，如图 8-2 所示。

在大件液锻生产中，主要的辅助机械包括浇注机、取件机、喷涂机和模温调控装置。这些设备一般都围绕液锻机布置。与物料运动方向相一致，液锻设备也布置成折线形，这样便于操作和物料转移。

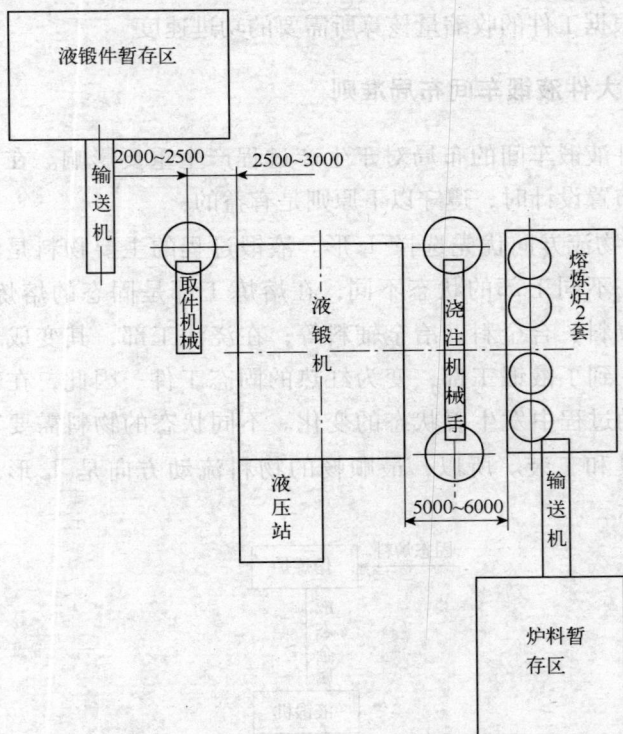

图 8-2　大件液锻车间典型布局示意图

8.3 典型大型零件液态模锻

早期的液态模锻受设备的限制，主要用来制造一些小型零件。随着改制型液锻机技术的成熟，大型液锻机的造价显著降低，为大型工件的液锻提供了设备保证。最近几年，轧辊、转鼓、火车轮等大型专业化铸件的液态模锻技术迅速发展，正在推广应用。

8.3.1 转鼓液态模锻

分离机是食品、化工等领域广泛使用的设备，其关键零件是转鼓，转鼓的形状像一个带孔的深盆，在转鼓的底部有一个凸台，中央有一个通孔，其外直径一般在 280～1000mm，壁厚约 50mm，高度一般在 150～500mm 之间，单件重量在十几千克至几百千克之间。如图 8-3 所示，是一个直径 500mm 的转鼓毛坯示意图。转鼓形状虽然简单，但它是分离机上的关键工作件，其材质多为马氏体类不锈钢或双相不锈钢。如果要求在转速 6500～20000r/min 的高转速条件下长期安全可靠地工作，就需要进行材料成分、机械性能、硬度、金相组织、超声波探伤及磁粉探伤或荧光着色探伤、外形尺寸及表面质量等项目的逐件检验。因此，转鼓毛坯的质量要求极其严格，一旦存在缩松、气孔等缺陷，就可能在使用中出现安全事故。现有技术中，转鼓毛坯的制备方法主要是离心铸造和固态模锻。离心铸造的工艺特点决定了转鼓壁厚范围内的组织均匀性差，合格率和使用的安全可靠性较低，只能用于小型转鼓和低速分离机的转鼓；固态锻造是目前转鼓的主要生产方法，其质量虽能满足要求，但受材料塑性的限制，中央凸台和底部结构难以锻出，材料浪费严重，材料利用率不足 50%。且因尺寸较大，需要万吨以上的锻造设备，投资巨大。

外径：400~1200mm
材质：1Cr17Ni2,
各种双相不锈钢

图 8 - 3　转鼓毛坯示意图

　　采用液态锻造技术生产转鼓的主要难题是如何防止开始加压前的液面氧化膜导致的环状冷隔缺陷。这一问题是液态模锻中的特殊问题。我们知道，液态模锻是先将金属液浇入模腔，然后再施加压力进行充型与补缩。浇注液面位置在挤压之前，表面形成氧化层，在常见的上加压直接液锻中，这个氧化层被裹在其中，形成环状冷隔，影响转鼓体的性能。其解决方案如图 8 - 4 所示，采用外翻式充型、双向挤压补缩的复合液模锻新技术，可以有效解决这一难题，这一技术已经由北京交通大学邢书明教授申报专利。实践证明，投资 1600 万元，就可建成年产 1 万件的生产规模，转鼓液锻的工艺出品率可以达到 85% 以上，生产成本比固态锻造转鼓显著降低，产品质量与模锻件相当，实现无砂、无冒口、绿色化铸造。其液锻过程是：把金属液浇入下模与中模组成的模腔内后，上模下行与中模闭合，随后压头推动金属液充满模腔，加压补缩直至凝固后，增压塑变，开模取件。

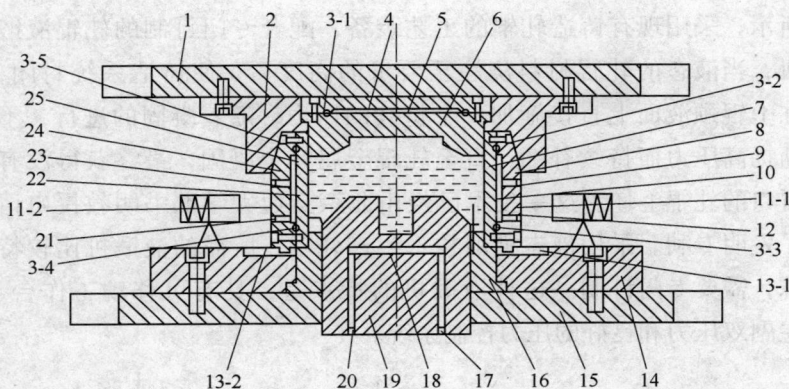

图 8 - 4　分离机转鼓液态模锻示意图

1—上模板；2—上模套；3—密封圈；4—隔热垫；5、18—冷却水腔；6—上模体；

7—中模；8—中模套；9、12—水嘴；10—冷却道；11—油缸；13—滑道；

14—下模套；15—下模板；16—导套；17、20—水口；19—下模

8.3.2　轧辊液态模锻

轧辊是一种大宗冶金配件，包括铸造轧辊和锻造轧辊两大类，其中铸造轧辊占有很大比例。铸造轧辊单重大，属于细长的轴类零件，如图 8 - 5 所示。

传统铸造中，轧辊毛坯包括下辊颈、辊身、上辊颈和冒口四个基本部分。其中的冒口与上辊颈直径相等。通过使用很长的冒口来确保内部致密，但是因补缩通道的扩张角过小，经常在辊颈处出现缩松和裂纹，形成废品，损失很大。因此，将液态模锻技术用于轧辊生产，实现轧辊的无砂、无冒口零废品铸造具有特殊的意义。

液态模锻轧辊的难题主要是加压速度和压力沿程衰减的控制。解决的方案如图 8 - 6

图 8 - 5　轧辊实物图

所示，采用现有铸造轧辊的工艺装备，配合专门订制的轧辊液锻机，当液态的轧辊材料浇注至要求的高度后，使铸造系统封闭，在上辊颈液面上直接施加一个持续的压力，随着凝固的进行，不断提高压力而持续补缩，直至轧辊金属完全凝固，最终获得没有冒口的轧辊毛坯。这一技术已经由北京交通大学邢书明教授申请了发明专利。采用液态模锻技术生产轧辊，所需的液锻机比较特殊，需要专门订制。这种液锻机的特点是：具有可移动工作台、主副双压力和良好的压力控制系统。

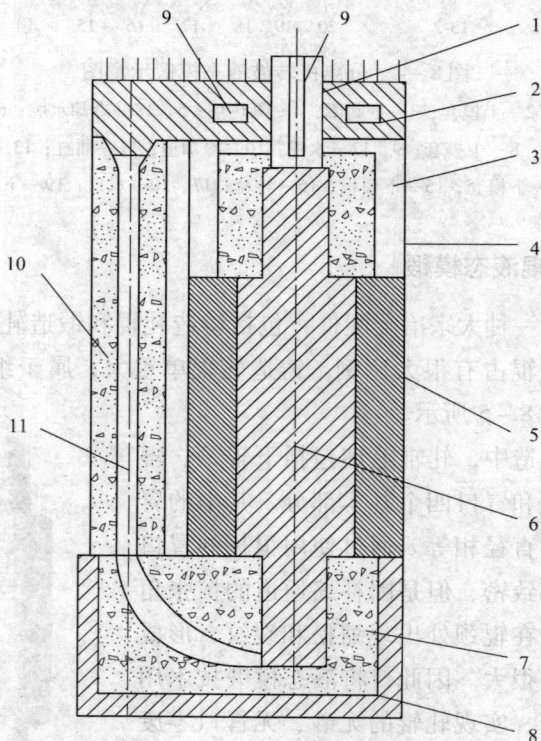

图 8-6　轧辊液态模锻示意图

1、2—压头；3—上辊颈覆砂层；4—上辊颈铸型；5—冷型；6—轧辊；

7—底座覆砂型；8—底座铸型；10—中注管；11—直浇道

　　液态模锻轧辊的突出优点是：①不仅可以完全消除冒口，节约大约 30% 的铁水或钢水，还省去了切割冒口的工序和费用，具有显著的经济效益。年产 1 万吨轧辊企业，仅无冒口带来的电耗降低每年就可以创造约 240 万元以上的利润；②整个凝固过程中，轧辊均处于压应力状态，可以有效防止裂纹和辊颈缩松缺陷；③轧辊组织细密。

8.3.3　车轮液态模锻

　　火车轮是轨道交通机车车辆的一个重要零件，每台车需要 8 ~ 12 个，市场需求量较大。轨道车轮是包括火车车轮、城铁车轮、地铁车轮和货车车轮的一大类产品，其结构上主要有轮毂、辐板、轮缘、轮辋、踏面。辐板有直辐板、斜辐板和 S 形辐板等多种形式，其中 S 形辐板具有良好的应力状态，且有显著的轻量化作用，其用量最大。目前，轨道车轮可分为锻造辗钢车轮和铸造车轮两大类。锻造辗钢车轮的生产工艺流程包括镦粗、压痕、模锻、轧制、压弯、冲孔、热处理和切削加工。这种方法生产的车轮综合性能优异，但成本高，所需锻压设备庞大。火车轮如图 8 - 7 所示，它有两种代表性生产方法。一种是美国埃贝克斯公司（Abex）的石墨模铸型，雨淋式浇注系统浇铸。另一种是美国格里芬公司（Grif-

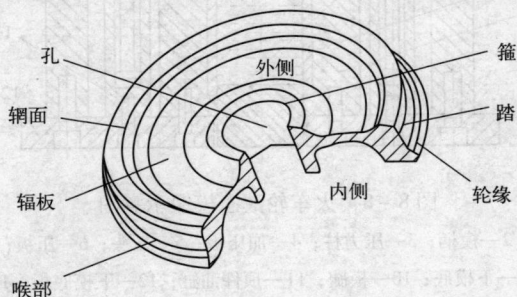

图 8 - 7　火车轮的局部剖视图

fin)的石墨模铸型压力浇铸工艺。这种方法生产的产品尺寸精度高、孔径与成品轮之差仅为3mm，轮廓尺寸与最终产品要求之差仅为0.5mm。表面质量好、安全性好、制造成本低。但是，这些方法都需要使用多个大冒口，并用火焰切通轮毂孔，导致工艺出品率只有55% ~ 70%。

采用液态模锻生产轨道车轮的主要困难是存在轮缘和轮毂双热节。解决这一问题的方案如图8-8所示。采用下加压充型、浮

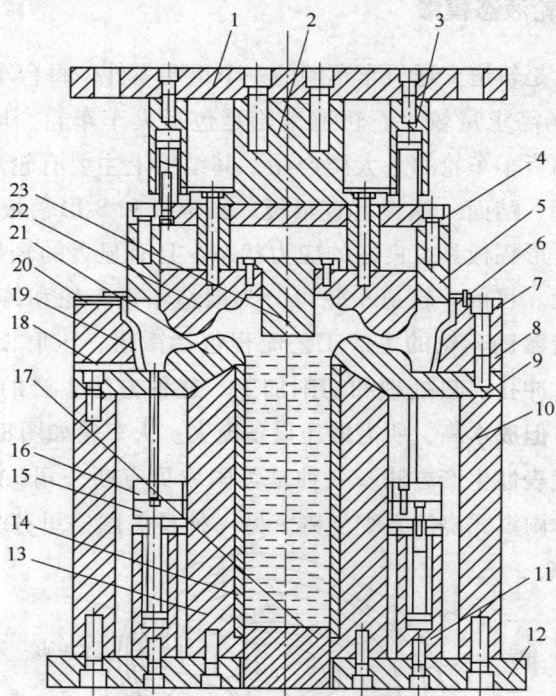

图8-8　火车轮液态模锻示意图

1—上模板；2—模柄；3—压力柱；4—加压板；5—压头；6—压板；7—螺钉；

8—下模；9—下模底；10—模腿；11—顶件油缸；12—下模底板；13—压室；

14—压室内衬；15—顶杆固定板；16—顶杆压板；17—压头；18、19、20—水道；

21—金属液；22—上模；23—孔芯

动上压头上加压补缩、多向补压致密化。其工艺过程是：在开模状态下将车轮钢液定量浇入压室内，模具闭合并锁模后，压头将车轮钢液推入模腔，并增压补缩，直至完全凝固。这种生产方法的优点是：①车轮组织致密，没有铸造缺陷；②不需冒口，不用砂子，可以实现绿色铸造；③生产效率高。每小时单机产量可达20～30 只；④投资小。年产 20 万只车轮的规模，设备投资不超过1000 万元。

　　与此类似的还有汽车轮毂的液态模锻，也在生产中取得了很好的效果。液锻铝合金车轮已经成为车轮行业的换代产品。

8.3.4　大型颚板液态模锻

　　在大型颚式破碎机中，颚板是一个关键易损件，如图 8 - 9 所示。其单重可达数百公斤，材质是典型的耐磨钢（如高锰钢），工作时承受巨大的载荷，内部一旦有缺陷，就很容易出现碎化，带来停产甚至损坏下游设备的严重后果。但受其材质可锻性的限制，长期以来，一直是采用砂型铸造方法生产。因其凝固速度慢、晶粒粗大，热裂倾向大，导致内部难免存在微裂纹。这些问题使颚板的使用寿命很不稳定。

图 8 - 9　颚板实物图

　　为了解决颚板使用寿命不稳定的问题，北京交通大学进行了液锻颚板的研究，申报了发明专利。液锻颚板的技术难点在于抗磨齿的成形及其开裂。为了既保证抗磨齿组织细密、性能优良，又不会出现开裂，液态模锻的工艺要点是：一模多腔，垂直成形，同向间接液锻。采用这一工艺生产的颚板具有如下突出的特点：①组织细密，晶粒尺寸不大于 30μm；②加工硬化能力优异。这样，对多种工况下的适应性显著提高；③抗磨性好的同时，韧性优良。使用中不会出现开裂或碎化，显著提高了设备运行的安全性；④工艺出品率高达 95%。这是不用冒口补缩的必然结果；⑤工艺成本低于砂型铸造。

第9章 液态模锻技术的发展与应用

液态模锻技术在不断走向成熟的同时，也取得了许多新的发展和应用。特别是全自动液态模锻、广义液态模锻（半固态模锻）、连铸连锻、挤压压铸模锻、液锻复合等新技术已经显示出良好的发展势头，下面做一个简单介绍。

9.1 全自动液态模锻技术

传统的锻造行业温度高、环境差、劳动强度大。液态模锻虽然在这些方面有了一些改进，但总体来看，还没有彻底摆脱这种局面。近些年，随着自动化技术的发展，全自动液态模锻技术已经在国外诞生[1]，整个液态模锻过程实现了全自动作业，不但提高了生产效率，而且改善了工人工作环境，大大降低了劳动强度。所谓全自动液态模锻是指浇注、液锻、取件全过程都能够自动完成的液态模锻技术。这是液态模锻技术的最高境界。

全自动液态模锻的工艺过程与常见的液态模锻类似，其工艺流程是：中频炉熔炼——机械手定量浇注——智能液锻成形——机械手取件——工序检验——（预备热处理）。自动化液态模锻生产如图9-1所示。这一工艺过程中，需要突破如下技术内容：

（1）总线控制系统：一般都采用两层总线结构，上层采用工业以太网，下层采用 PROFIBUS – DP 现场总线。将液态模锻生产线的熔炼炉、喷涂机、浇注机、液锻机、取件机、输送小车等连接起来，进行控制和管理，整个系统实现 PLC 控制。系统设置一般有全自动、半自动、手动功能，适应和满足各种工作状态。

（2）工艺联线：根据整条生产线的工艺流程，完成设备配置及各设备之间的布局，使生产线自动运行，协调流畅。

（3）机器人、机械手、输送小车：配制必要的机械手及输送小车，组成金属液自动浇注、取件及物流系统。

（4）喷涂系统：实现机械手自动喷涂料。这一点与全自动压铸类似。

（5）模具 CAD/CAM 设计：根据用户液锻件的特性，为用户设计出结构合理、运行可靠的模具，并完成制造。

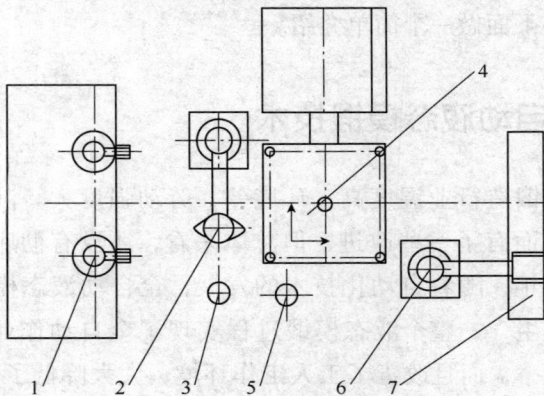

图 9 - 1　自动化液态模锻生产线

1—中频感应熔炼炉；2—自动定量浇注机；3—金属液测温仪；4—液态模锻机；
5—自动喷涂机；6—取件机械手；7—工件输送机

9.2　广义液态模锻技术——半固态模锻技术

所谓广义液态模锻技术，是指成形的材料不仅限于纯液态，也包括固液混合状态的材料。当材料状态为固液混合物时，更多的称为半固态模锻。半固态模锻成形技术是一种省力、节能、材料利用率高的先进成形工艺，制件的力学性能可接近或达到同种合金的锻件水平，并具有高效率、高精度、无切削加工的特点，可制造出近净成形制品。与普通铸造成形工艺相比，半固态模锻成形时金属成形温度较低，可以显著延长模具寿命，同时可提高制件精度与生产效率，制件可获得相对较高的综合力学性能。与传统塑性加工工艺相比，半固态模锻中的金属屈服强度低，流动性好，可在相对较小的成形力作用下充填模具型腔，从而实现近净形制造，采用半固态模锻工艺所获得的成形件，宏观组织更加致密。但是，在半固态模锻成形过程中，由于已凝固层产生的塑性变形消耗一部分能量，使得模具所施加的等静压力随着凝固层的增厚而逐渐下降。因此，随着凝固层的深入，变形程度减小，从整个截面来看，组织分布的均匀性不如传统的塑性成形，却比通常的液态模锻工艺获得的成形件组织均匀得多。

半固态模锻是一种介于液态成形与塑性成形工艺之间的一种成形新工艺，是将一定质量的半固态坯料加热至半固态温度后，迅速转移至金属模膛，在机械静压力作下，使处于半熔融态的金属产生粘性流动、凝固和塑性变形复合，从而获取毛坯或零件的一种金属加工方法，是制造零件的第三种工艺。作为一项高新技术，半固态模锻技术对整个工艺过程、成形设备以及模具有着较高的技术要求，这也是它具有其他成形技术无法比拟的优势所在。因而，也被认为是 21 世纪最具发展前途的近净成形和新材料制备的前沿性金属加工技术之一。半固态模锻目前在国外已进入商业性生产，是目前主要采用的半固态成形技术。

如表 9-1 所示为半固态模锻、液态模锻和低压铸造铝合金车轮毂的性能比较。由表可知，广义液态模锻（半固态模锻）技术可以生产的工件最小壁厚小，材料利用率最高，尺寸精度级别最高。但是，生产效率比不上液态模锻。

表 9 - 1　三种模锻的技术经济指标对比

技术经济指标	固态模锻	液态模锻	半固态模锻
锻件材料	变形合金	各种铸造变形合金	各种铸造及变形合金
锻件复杂程度	简单	复杂	较复杂
最小壁厚/mm	3	>2	1.5
锻件尺寸精度	IT8 ~ IT10	IT7 ~ IT9	IT6 ~ IT8
材料利用率(%)	60 ~ 70	>95	>98
单件生产时间/s	3	20	30
生产率/(件/h)	600	180	120
设备投资	高	低	中
模具费用	低	高	中
模具寿命	低	中	高
工人技术要求	中	较高	高

9.3　连铸连锻技术

连铸连锻也是一种材料先进的加工技术,它能在同一模具中完成铸造和锻造过程,兼具铸造形状、结构的复杂性,锻造金相组织、机械性能的优越性。它先进行金属液充型,其充型压力可以是低压,也可以是高压,待金属熔体凝固后,再进行封闭模内锻造,也就是利用铸造余热进行锻造的一种短流程作业。壁厚较大的工件,适合采用连铸连锻的工艺生产。武汉理工大学陈炳光教授编写的《连铸连锻技术》一书对此进行了系统的介绍,图9-2所示,是一台连铸连锻机床,可见它与卧式压铸机类似。

连铸连锻技术本质上就是对红热的铸件进行模锻,也可以说是一种特殊的液态模锻。与常规意义上的液态模锻相比,差别在于金属凝固前可以不加压,在重力下凝固。其技术优势在于,在金属熔体处于液态的高温段不加压或加较低的压力,而在凝固后

图9-2　连铸连锻机床

加高压进行密室化锻造。这种分解工部的做法最突出的技术优势是可以提高模具寿命。但是，其应用受到了材料可锻性的限制。如果材料可锻性差，在随后的锻造过程中，可能出现锻造裂纹。

北京华安工业集团有限公司崔长齐利用连铸连锻技术试图消除铸造缺陷的实验研究[2]证明，连铸连锻可以改变铸造缺陷的形态，但不能完全消除铸造缺陷。这主要是因为，铸造的收缩缺陷是在凝固过程中逐步形成的，并不是凝固完成后突然形成的。因此，如果连铸连锻的"铸"环节不加压，那么，收缩缺陷靠后面的"锻"是很难完全消除的。连铸连锻在一些形状简单、壁厚很大的工件生产中，会有一定的优势。

9.4　挤压压铸模锻技术

挤压压铸模锻技术是肇庆市经贸局欧阳明提出的一个名词[4]。他认为，挤压压铸模锻技术是一项统一压铸、低压（差压、负压、重力）铸造、挤压铸造、连铸连锻、半固态加工的工业性成熟技术。它包括了工艺与装备两方面的技术，其模具技术属于配套或派生出来的，真空技术为其辅助手段。其工艺流程是：合模、锁模、压铸充型、主缸挤压补缩——锻造、开锁、分模、顶出、复位。它是将挤压铸造和连铸连锻技术中的最关键的"主缸挤压补缩——锻造"工步，加到了压铸工艺的充型工步之后，实现凝固成形过程的强制补缩、锻造及微观组织性能的优化。

这一技术的发展历程如下：挤压压铸模锻技术也简称为挤压压铸技术，它源自一套名为"真空挤压压铸模锻工艺与装置及其模具"的技术，该技术早在 1997 年由我国工程技术人员率先提出，并于 2001 年获国家知识产权局授予发明专利权（专利号：ZL97123265．2）。2003 年底，随着一项名为"多向挤压压铸模锻"的技术发明完成。完整地说，挤压压铸模锻技术是基于普通及真空压铸、挤压铸造（液态模锻）两大技术及低压（差压、负压、重力）铸造、半固态加工及精密模锻三大工艺的基本原理，实现了工艺与装备综合创新的技术。它同时具备"铸、挤、锻"三大工艺的技术特征。它不但提出了该项全新工艺的实现原理，更重要的是，提出了实现这种工艺的装备，不仅可据此设计生产全新的挤压压铸模锻机，也可通过对这多项传统基础工艺的装备进行改造来实现，成为统一这几项技术和实现升级的共性关键技术。挤压压铸模锻技术还是一项能实现工业化应用的实用性成熟技术，简单易行，具备在行业普遍推广的基础。

挤压压铸模锻技术创新的关键，在于装备取得了突破。它将多种不同工艺的装备取其个性，合并其共性结合到一台设备上，如图 9 - 3 所示。可见，它将压铸机、给汤机进行了集成。

挤压压铸模锻技术有三组基本参数，第一组是充型阶段的两项参数——"充型比压"或"压铸充型比压"和充型速度；第二组是凝固成形阶段的参数——"补缩比压"或"挤压补缩比压"（在固态成形阶段，该参数应改名叫"挤压比压"或"锻压比压"才贴切）；第三组是充型温度，即区间为金属的"液态—半固态—临界或超临界固态"温度，表现为始铸温度、始挤（始锻）温度和终锻温度。挤压压铸模锻工艺在理论上可以表示为这三组基本参数与时间的函

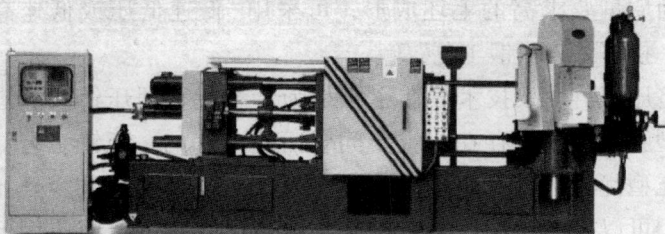

图 9 - 3　JSF1118 挤压压铸模锻机

数，前两组参数的变化范围由零至无穷大（负压充型的比压也是正值），后一组参数为区间的温度数值从高到低变化，可以组合出无限多种的工艺。以挤压压铸模锻技术的工艺特性参数来判断，其充型工艺参数（充型比压）跨越了负压、重力、低压和差压铸造及真空压铸、普通压铸、半固态加工和连铸连锻工艺，其凝固成形工艺参数（挤压比压）则跨越了挤压铸造（液态模锻）、半固态加工、连铸连锻及模锻的工艺。显然，上述常见的工艺，它们都是这三组连续可变参数组合中的几个特例而已。

　　挤压压铸模锻工艺参数实质上是上述三组参数的不同组合。挤压压铸模锻技术认为，在满足基本充型的情况下，应采用最低的充型速度和充型比压，这就能够大幅度提高压铸机可压铸投影面积。采用"低速低压充型挤压压铸工艺"，就能实现带砂型芯（低强度型芯）压铸，替代重力、负压、低压与差压铸造，可将金属型模铸造和部分的砂型铸造用压铸代替；采用"低速高压充型挤压压铸工艺"，可解决低流动性的铸造合金或非铸造合金用压铸工艺生产的问题。还有适用于薄壁复杂零件成形的"真空高速挤压压铸工艺"和适用于镁合金成形的"半固态充型（包括流变与触变充型）——挤压——模锻工艺"。它可使半固态加工成为具有工业经济性的适用工艺；而对于难度最大的铜合金、黑色金属等高熔点合金和铸造、锻造性能差的合金，或结构复杂、要求良好气密性和表面质量要求高的毛坯成形，可采用"低速低压或低速高压充型——挤压——模锻工艺"等。

挤压压铸模锻技术最初主要是为了解决普通压铸和液态模锻两项型腔成形技术存在的主要问题而提出来的。压铸工艺具有最好的充型优势，压射充型速度和充型比压可以实现从零开始无级调节，可以生产结构很复杂的零件，生产效率高，但应用上存在如下问题：一是不能解决厚大件毛坯普遍存在的缩孔、缩松现象；二是真空压铸技术的补缩作用有限；三是压铸机可压铸的投影面积不高且呈越来越小的趋势；四是压铸工艺不能生产高性能、低流动性合金，铸件不能热处理。挤压铸造和液态模锻工艺的补缩比压是最高的，它可以根据需要任意提高，其极限值是毛坯材料的锻造比压。但存在以下两个问题：①开式浇注——立式主缸挤压。这种方式难以避免浇注过程的金属熔体的二次污染；②专业化设备发展迟缓。液态模锻工艺从凝固补缩特性来说，是几种铸造成形工艺中最好的，但由于其专业化工艺装备进步缓慢，目前主要是改进型液锻机在承担主流作用。挤压压铸模锻技术认为，半固态加工同样需运用压铸、挤压、模锻等工艺成形，因此，它同样要面对这些工艺存在的共性问题，都要解决金属"液—固"相变时必然产生的缩孔缩松与毛坯充型如何统一的矛盾。挤压压铸模锻技术认为，低压（差压、负压、重力）铸造存在的问题主要是生产效率不够高，工艺可靠性低或不稳定，可成形的零件结构受到一定限制，加上表面质量不高，铸件还有一定比例的缩孔缩松现象。低压（差压）铸造还存在设备系统复杂、造价高的问题等。

挤压压铸模锻技术的进步，将继续依靠装备的发展而得到提高。标准化是挤压压铸模锻技术目前面临的最紧迫的工作，这需得到全国铸造专业技术委员会的支持。没有一整套权威标准的制定，就不能很好实现全国性的产业化并迈向国际化。

9.5　复合材料液态模锻

　　液态模锻的一个重要发展方向就是用来制备金属基复合材料。液锻法制备复合材料有其独特的优势：①可以实现材料制备与零件成形一体化；②便于实现近净成形；③零件性能显著高于普通铸造复合材料零件。近年来，出现了一些液锻法制备复合材料的新工艺，这里做一个简单介绍。

9.5.1　消失模液锻复合技术

　　消失模液锻是北京交通大学提出的制备颗粒增强金属基复合材料的一种新型工艺，它是在特定的金属模具中，金属熔体借助于液态模锻机充型缸或挤压缸提供的压力进行充型，利用泡沫消失模携带增强颗粒和钢液充型包裹捕捉作用实现增强颗粒混入钢液，在保压的同时快速凝固成形，实现颗粒相均匀分布于钢基体中，最终得到钢基体内部含有抗磨颗粒、内部组织致密、成本低和抗磨性好的金属基复合制件，该技术已经获得了发明专利授权。

　　按照压力施加的作用方式，消失模液锻分为消失模直接液锻和消失模间接液锻两种成形方式。图 9 – 4 所示为消失模直接液锻工艺的原理。把附带增强颗粒的泡沫预制体载体 7 放置于上模 1 与下模 2 组成的金属模腔，然后浇注钢液 5，泡沫载体 7 与高温钢液 5 作用汽化消失，剩下的颗粒增强相直接被钢液包裹而混入钢液中，设定的压力值通过压头 3 直接作用在金属熔体上，然后在冷却水道 6 的作用下快速凝固成形，最后利用顶杆 8 顶出取件。该成形工艺的特点是：压力直接作用在金属熔体上凝固成形，压力损失小，工件内部组织致密，但工件尺寸易随浇注量和金属熔体收缩量变化而发生变化，工件尺寸精度不高。该工艺适用于结构比较简单、需切削加工的零件。

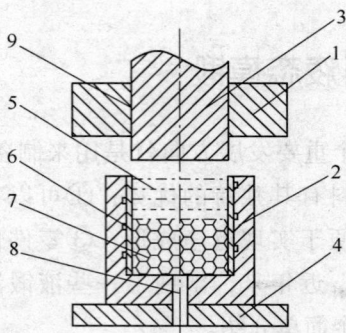

图 9 - 4　消失模直接液锻原理示意图

1—上模；2—下模；3—压头；4—下模板；5—金属液；6—冷却水道；
7—附带增强颗粒泡沫载体；8—顶杆；9—排气间隙

　　图 9 - 5 所示为消失模间接液锻工艺的原理。把附带增强颗粒的泡沫预制体 7 放置于上模 1 与下模 2 组成的金属模腔，钢液 6 在压头 10 的上行作用下沿内浇口 5 填充金属模腔，同时泡沫载体在钢液的高温作用下汽化消失在钢液前沿形成一个气隙，脱离泡沫载体束缚的增强颗粒经气隙气流的加速作用进入钢液，并随钢液

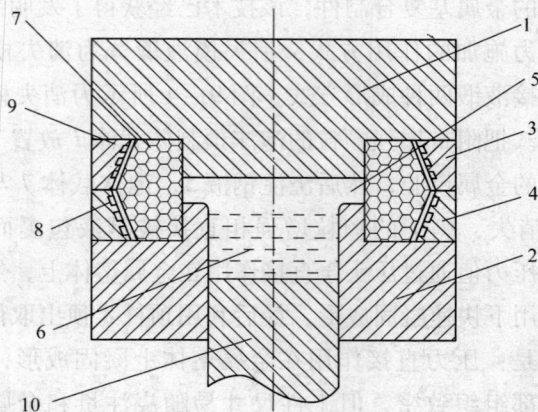

图 9 - 5　消失模间接液锻原理示意图

1—上模；2—下模；3—上模腔；4—下模腔；5—内浇道；6—金属液；
7—附带增强颗粒泡沫预制体；8—冷却水道；9—排气通道；10—压头

在外加压力条件下充型，钢液充满模腔的同时增压至设定值，让颗粒/钢液混合流在设定的压力值和冷却水道 8 共同作用下快速凝固成形。该成形工艺的特点是压力输送距离长，损失较大，工艺出品率低，但工件尺寸不受浇注量影响，精度高，表面质量好，可进行一模多件生产。该工艺适用于结构稍微复杂、尺寸和精度要求高的零件。

消失模液锻制备颗粒增强钢基复合材料的工艺流程，如图9-6所示。第一步，制备附带增强颗粒泡沫载体。将经预处理后的增强颗粒按比例在低温粘结剂作用下与高温易挥发载体充分搅拌混合，保证增强颗粒与载体均匀混合后装至与工件外形尺寸相适应的模具，固化或压制成附带增强颗粒泡沫预制体；第二步，将熔炼合格的基体金属液定量浇注至模具金属模腔；第三步，启动液压设备，设定成形压力和充型速度，由充型缸或挤压缸提供压力让金属液在压力作用下稳定充型，同时高温易挥发载体汽化消失，增强颗粒被钢液捕捉。待压力升至设定最大值后保压，然后快速凝固成形得到颗粒增强钢基复合材料制件。

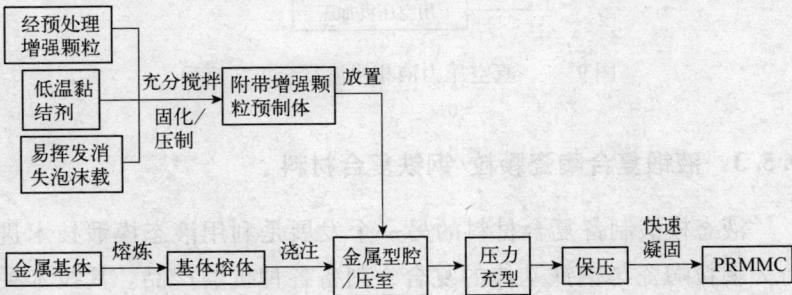

图 9-6 工艺流程

9.5.2 液锻浸渗复合技术

液相浸渗复合技术是利用液态加压的方法把液态金属浸渗到

增强体预制件中的一种方法。包括挤压浸渗和真空压力浸渗法两大类。挤压浸渗是液相浸渗法的一种，同固相法和一般的真空压力浸渗法相比，挤压浸渗法工艺简单，在压力作用下，浸渗和冷却速度都变快，液态金属与碳纤维接触时间变短，减少了界面反应时间。真空压力浸渗法综合了真空吸铸和压力铸造的优点，它是首先将多孔体和金属基体放入坩埚模具中，进行密封。然后开始升温至金属固相线以下，随后进行保温，而后开始抽真空，当坩埚炉内达到一定真空度后，再次升温至金属液相线以上，并保温，最后加压。液态金属在惰性气体压力作用下渗入 SiC 颗粒孔隙，完成渗流过程。保压一定时间，卸压、冷却，即可得到复合材料零件或坯料。其工艺流程如图 9 - 7 所示。这一技术在李贺军、齐乐华、周计明编著的《液固高压成形技术与应用》中给予了详细介绍[5]。

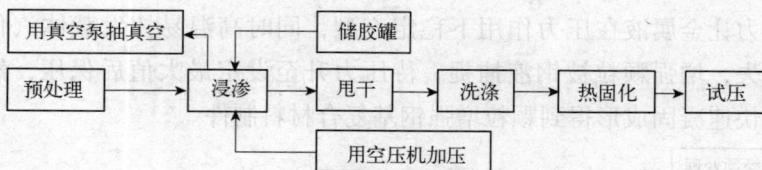

图 9 - 7　真空压力液相浸渗复合工艺流程

9.5.3　液锻复合陶瓷颗粒/钢铁复合材料

　　液态模锻制备复合材料的另一个发展是利用液态模锻技术进行大颗粒陶瓷与钢铁基体的复合，制备各种抗磨产品。其技术关键主要有两点：一是陶瓷颗粒如何均匀分布于钢铁熔体中；二是陶瓷颗粒如何与钢铁基体之间形成良好结合。为了解决这两大问题，北京交通大学邢书明教授提出了"黏流布料 + 液锻成形 + 增压焊接"的新思想。

　　（1）黏流布料。对基体金属液的黏度和流速进行科学的设计和控制，利用黏性液流对颗粒的挟裹作用，在金属熔体充型的同时，将陶瓷颗粒带入模型，并实现陶瓷颗粒在半固态熔体中的均匀分布。

（2）液锻成形。利用液态模锻的技术思想，对充满模腔的金属熔体与陶瓷颗粒的混合物加压快速凝固，在实现工件成形的同时，有效防止陶瓷颗粒的漂浮集聚。

（3）增压焊合。对已经成型的工件，施加一个更高的压力，使陶瓷颗粒与金属基体间进一步压实并保持，在这种高温高压条件下，实现陶瓷颗粒与金属的压焊。

显然，这一技术属于短流程、绿色技术，省去了污染严重的造型、合箱、落砂、砂处理等铸造复合材料的工序，其工艺流程如图 9 - 8 所示，主要包括颗粒预处理、模具预热、浇注过程黏流布料、液锻凝固、增压焊合五个工序。

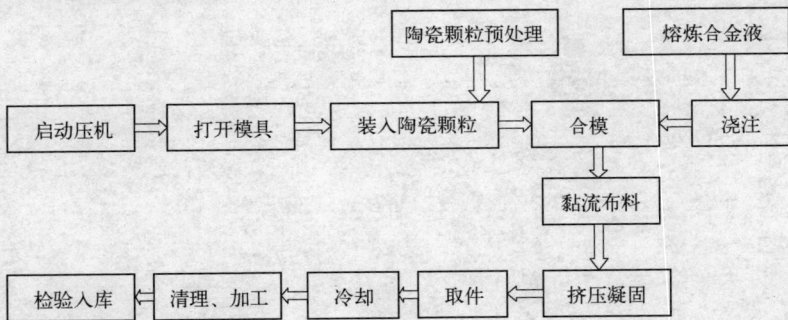

图 9 - 8　生产工艺流程

参考文献

[1]李景潭，王顺成，戚文军，郑开宏，尹登峰. 铝合金半固态模锻成形技术研究进展
　　[C]. 2010 铝型材技术（国际）论坛文集，2010：553 - 557.

[2]崔长齐，闫绍国，林晨华，等. 连铸连锻的技术防治合金铸件缺陷[J]. 精密成形工
　　程，2013，5(4)：69 - 72.

[3]陈炳光，陈昆．连铸连锻技术[M]．北京：机械工业出版社，2004.

[4]欧阳明．挤压压铸模锻技术及其应用简述．http：//wenku. baidu. com//link？url.

[5]李贺军，齐乐华，周计明．液固高压成形技术与应用[M]．北京：国防工业出版社，2013.